KB267998

생산현장에서 적용하는
측정시스템 분석

생산현장에서 적용하는 **측정시스템 분석**

발행일	2015년 6월 12일

지은이	이 태 곤		
펴낸이	손 형 국		
펴낸곳	(주)북랩		
편집인	선일영	편집	이소현, 김아름, 이은지
디자인	이현수, 윤미리내, 곽은옥	제작	박기성, 황동현, 구성우, 이탄석
마케팅	김회란, 박진관, 이희정		
출판등록	2004. 12. 1(제2012-000051호)		
주소	서울시 금천구 가산디지털 1로 168, 우림라이온스밸리 B동 B113, 114호		
홈페이지	www.book.co.kr		
전화번호	(02)2026-5777	팩스	(02)2026-5747

ISBN	979-11-5585-560-7 13560

이 책의 판권은 지은이와 (주)북랩에 있습니다.
내용의 일부와 전부를 무단 전재하거나 복제를 금합니다.

이 도서의 국립중앙도서관 출판예정도서목록(CIP)은 서지정보유통지원시스템 홈페이지(http://seoji.nl.go.kr)와 국가자료공동목록시스템(http://www.nl.go.kr/kolisnet)에서 이용하실 수 있습니다.
(CIP제어번호 :CIP2015015829)

생산현장에서 적용하는
측정시스템 분석

이태곤 지음

　측정시스템 분석은 공정을 이해하기 위한 가장 근본적인 도구로, 의식하든 의식하지 않는 생산현장에서의 측정시스템 변동은 공정에 영향을 미친다. 그렇기 때문에 공정을 정확하게 이해하기 위해서는 측정시스템의 변동을 이해해야 한다. 그러나 측정시스템 분석은 특정 측정시스템 분석 기법과 관련하여 통계 소프트웨어의 사용법 위주로 알려져 있고, 해당 측정시스템 분석 기법의 접근 방법과 사용된 통계적인 방법들에 대해 다루는 정보는 그렇게 많지 않다.

　물론 측정시스템 분석과 관련하여 통계 소프트웨어를 사용하는 것은, 분석이 용이하고 필요에 따라서 추가적인 분석을 수행하여 정보를 더욱 정확하게 이해할 수 있기 때문에 많은 장점을 가지고 있다. 그러나 측정시스템 분석 기법과 관련하여 사용되는 통계적 방법을 이해하며 통계 소프트웨어를 사용한다면 측정시스템 분석의 결과를 이해하고 적용하는 데에 더 많은 도움이 될 수 있을 것이다.

필자는 직접 현장에서 근무하면서 측정시스템 분석을 적용하는 중에 어떻게 측정시스템 분석이 이루어지는지 그 과정을 알면 좋겠다고 생각했다. 이에 측정시스템 분석 기법과 관련하여 사용되는 통계적 기법을 설명하고, 엑셀을 사용하여 측정시스템 분석을 실행할 수 있도록 원고의 내용을 구성했다.

아무쪼록 이 책이 측정시스템 분석에 대한 이해를 조금이라도 넓힐 수 있는 계기가 되기를 바라며, 또한 실제 생산현장에서도 측정시스템 분석이 더욱 심도 있게 이루어져 품질 개선에도 이바지할 수 있게 되기를 기대한다.

　콜럼버스는 1492년 8월 3일 세 척의 배와 78명의 선원을 거느리고 스페인의 파오스 항을 떠났다. 1차 항해에 나서 2개월의 항해 끝에 10월 12일 육지를 발견하고 상륙한 곳이 지금의 바하마에 있는 산살바도르였다. 그는 쿠바와 아이티에도 갔는데 그곳에서 한 척은 좌초되어 버려졌다. 11월 19일에 푸에르토리코에 상륙, 그는 그가 발견한 지역을 인도 땅이라고 생각하고 '서인도'라 하며 원주민을 인도 사람, 즉, '인디안'이라 명명했다. 이렇게 콜럼버스의 남아메리카 항로 개척을 통해 스페인은 신대륙으로부터 금과 은과 같은 귀금속의 유입으로 황금기를 누리게 된다.

　바스코 다 가마는 1497년 7월 8일 네 척의 선대와 175명의 선원을 인솔하고 포르투갈의 리스본을 출항했다. 그는 항해 도중에 중간까지 동행한 디아스의 조언대로 시에라리온 앞바다에서 대서양을 크게 우회하는 혁명적 항법을 써서(약 6,400㎞), 11월 희망봉을 돌아 1498년 인도의 말린디에 도착했다. 그 후 이슬람의 수로 안내인인 이븐 마지드의 도움으로 인도양을 횡단하여 1498년 5월 20일 인도의 캘리컷에 도착했다. 이를 통해 포르투갈은 향신료 무역을 독점하게 되어 번영의 역사를 구가하게 되었다.

　1707년 에스파냐 계승전쟁을 지원하던 영국 해군 함대가 포츠머스로 복귀하던 중 나쁜 날씨로 인해 위치를 잘못 계산하는 바람에 포츠머스와는 거리가 먼 실리제도에 부딪혀 전함 네 척이 침몰했으며 1,400명의 선원이 폭풍우로 구조되지 못하고 사망한 사건이 발생했다.

　이 사고는 경도 측정을 잘못하여 발생한 것으로, 정밀한 경도 측정기가 없어서 배의 현재 위치를 알지 못했기 때문에 잘못된 방향으로 항해하게 된 것이다.

　경도는 시간을 측정하여 알게 되는데, 배 위에서는 기존의 시계로는 배가 흔들리고 온도와 습도가 일정치 않아 시계추가 규칙적으로 움직이지 못하여 정확한 시간을 알 수 없어 경도를 정확하게 측정하지 못했다.

　이 사건을 계기로 영국 정부는 경도법을 제정하고 상금을 건 공모전을 열어 경도를 정확하게 측정하는 기기를 만들기 위해 노력했다. 이에 1735년 영국의 존 해리슨이 경도를 정확하게 측정할 수 있는 크로노미터를 발명하게 되었다.

　크로노미터를 사용하기 전까지는 추측 항법이라 하여 나침반과 지도만을 가지고 항해를 했다. 그렇기 때문에 해류나 풍랑 등의 영향으로 인해 목적지에 도착하지 못하고 다른 곳에 도착하는 경우들이 종종 있었다. 대항해시대의 선구자들인 콜럼버스나 바스코 다 가마와 같은 이들은 이러한 추측 항법을 바탕으로 항해를 한 것이기 때문에 그 성과들이 그만큼 의의를 갖는다고 할 수 있다.

상기의 사례들은 측정시스템과 연관시켜 생각해볼 수도 있을 것이다. 올바른 항해를 위해서는 목적지의 위치와 항해하는 도중 배의 위치를 알아야 한다. 하지만 크로노미터가 발명되기 전까지는 배의 위치를 알 수 없었기 때문에 나침반만 가지고 그야말로 운에 의지한 채 항해를 해야 했다. 그리고 경도 측정을 위해서 시계를 사용한다고 하더라도 부정확할 때가 있다는 것을 감안해야 했다. 그러나 크로노미터의 발명을 통해서 배의 위치를 정확하게 알게 되면서 올바른 항해를 할 수 있게 되었다.

측정시스템에 이를 접목해보면, 먼저 측정해야 할 항목이 무엇인지를 결정하고 결정된 항목에 대해서는 측정할 수 있는 측정 장비를 결정해야 한다. 그리고 결정된 항목을 직접 측정할 수 없다면 간접적인 측정프로세스를 개발하여 적용할 것이다. 그런 후에 측정 장비를 개선하여 정확하게 측정하도록 하고 측정시스템 분석을 통해서 측정 장비가 신뢰성이 있다는 것을 확인한 후 측정 장비를 포함한 측정프로세스를 사용해야 할 것이다.

1장

평균, 범위, 분산 및 표준편차

통계적인 특성은 측정시스템 분석뿐만 아니라, 공정관리 분야에서
널리 사용되고 있다. 그렇기 때문에 통계와 관련된 내용을 이해하는
것이 제조 현장에서 측정시스템 분석을 올바르게 적용하는 데에 있
어서 필수적이라 하겠다. 측정시스템을 적용하는 데 가장 필수적인
개념이 평균, 분산 및 표준편차로 이 장에서 간략하게나마 설명하고
자 한다.

길이 특성을 갖는 어떤 부품에 대해서 100개의 시료를 취하여, 측
정한 결과는 표 1-1과 같다.

표 1-1 길이에 대한 샘플링 데이터

10.03	9.95	9.87	9.89	9.85	9.96	9.86	9.87	9.91	9.89
9.89	9.97	9.91	9.85	9.83	9.89	9.97	9.89	9.93	9.87
9.77	9.93	9.86	9.95	9.89	9.78	9.97	9.85	9.91	9.93
9.92	9.93	9.92	9.97	9.84	9.87	9.86	9.83	9.97	9.86
10.02	9.83	9.94	9.93	9.93	9.90	9.93	9.99	9.89	9.99
9.88	9.96	9.95	9.86	9.99	9.89	9.89	9.86	9.88	9.86
9.93	9.91	9.96	9.91	9.96	9.83	9.94	9.80	9.93	9.99
9.93	9.91	9.81	9.91	9.87	9.89	9.95	9.94	9.93	9.83
10.02	9.86	9.81	9.90	9.89	9.91	9.90	9.99	9.89	9.83
9.87	9.90	9.91	9.94	9.93	9.90	9.92	9.82	9.86	9.99

표 1-1의 데이터를 바탕으로, 기본적인 통계의 개념을 적용해보자.

평균은 모든 데이터의 값들을 합한 후, 데이터의 개수를 나누어서 구한다. 평균값은 표 1-1 데이터 분포의 중심을 나타낸다.

$$\bar{x} = \frac{\sum x_i}{n} = \frac{990.43}{100} = 9.90$$

범위는 데이터에서 가장 큰 값에서 가장 작은 값을 뺀 값이다.

$$R = x_{\max} - x_{\min} = 10.03 - 9.77 = 0.26$$

❸ 분산

분산은 각 데이터들이 평균으로부터 어느 정도 떨어져 있는지를 측정하는 값으로, 각 데이터와 평균값 간의 차이를 제곱하여 총 데이터에서 1을 뺀 수로 나누어 준 값을 말한다.

$$\sigma^2 = \frac{\sum\limits_{i=1}^{n}(x_1 - \overline{x})^2}{n-1} = 0.002897$$

❹ 표준편차

분산의 제곱근으로, 단위는 데이터의 단위와 동일하다.

$$\sigma = \sqrt{\frac{\sum\limits_{i=1}^{n}(x_i - \overline{x})^2}{n-1}} = 0.053828$$

표 1-1의 측정데이터가 모집단이고 정규분포를 따른다고 가정하면
(표 1-1의 데이터는 실제로 정규분포를 따른다), 이 데이터는 평균이
9.90이고 표준편차가 0.053828인 정규분포를 따른다고 할 수 있다.
이를 그림으로 표현하면 그림 1-1과 같다.

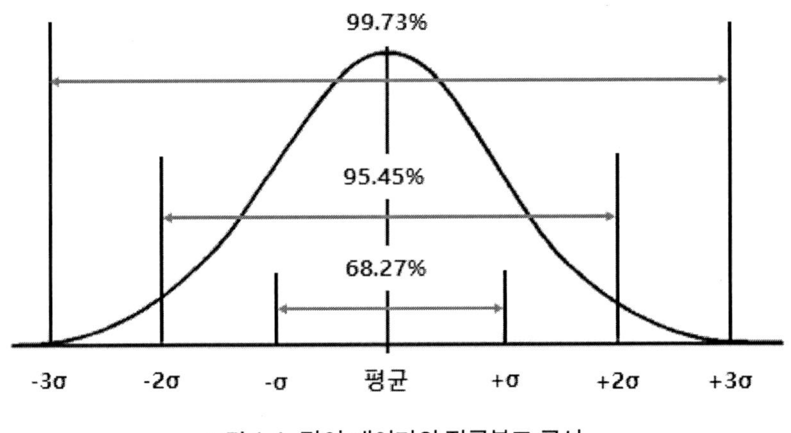

그림 1-1 길이 데이터의 정규분포 곡선

그림 1-1의 정규분포 곡선은 종 모양이며, 평균을 중심으로 σ수준
별로 좌우 대칭의 분포를 나타낸다. 정규분포의 의미와 관련하여 표
1-1의 길이 데이터로 해석하면, 평균을 중심으로 $\pm\sigma$ 수준은 모든 데
이터 중에서 68.27%의 데이터가 포함된 신뢰구간을 나타내고 $\pm2\sigma$
수준은 95.45%, $\pm3\sigma$ 수준은 99.73%의 데이터가 포함되는 범위를
나타낸다. 표 1-1을 사용하여 데이터의 신뢰 수준 범위 내의 데이터

개수를 확인해보면 표 1-2와 같이 된다.

표 1-2 정규분포의 데이터와 실제 데이터 분포의 비교

시그마 구간	데이터 구간 ($\overline{x}\pm\sigma$수준)	범위 내 확률 분포(%)	범위 내 데이터 개수(개)	범위 내 데이터 확률(%)
$-\sigma\sim+\sigma$	9.85~9.95	68.27	69	69
$-2\sigma\sim+2\sigma$	9.79~10.01	95.45	95	95
$-3\sigma\sim+3\sigma$	9.74~10.06	99.73	100	100

데이터가 정규분포를 따르는 경우, 실제 데이터의 분포는 정규분포의 σ 수준에서의 데이터의 분포 확률과 동일함을 알 수 있다.

참고로 표 1-2의 σ 수준별 확률 분포는 굳이 외울 필요가 없다. 그 이유는 표준정규분포표를 볼 수 있다면, 해당 σ 수준의 확률 분포를 쉽게 계산할 수 있기 때문이다.

표 1-3 표준정규분포표

Z	0.00	0.01	0.02
0.0	0.00000	0.00399	0.00798
0.1	0.03983	0.04380	0.04776
…	…	…	…
1.0	0.34134	0.34375	0.34614
1.1	0.36433	0.36650	0.36864
…	…	…	…
2.0	0.47725	0.47778	0.47831
2.1	0.48214	0.48257	0.48300
…	…	…	…
3.0	0.49865	0.49869	0.49874
3.1	0.49903	0.49906	0.49910

표 1-3은 표준정규분포표에서 발췌한 것으로, 평균이 0이고 표준편차가 1인 경우에서의 데이터 분포의 확률을 나타낸 것이다. 그렇기 때문에 Z값 3.0은 표준정규분포가 아닌 다른 정규분포에서의 3σ 수준과 동일하다. Z값 3.0에 0.49865라고 되어 있는데, 이 의미는 Z값이 0에서 3.0까지의 사이에 49.865%의 데이터가 포함된다는 것이다. 정규분포는 좌우대칭이므로 Z값이 −3~3까지의 사이에는 49.865%의 2배의 데이터가 포함된다는 의미이다. 그래서 49.865%를 2배 하면 99.73%가 된다. 이는 표 1-2에서 -3σ~$+3\sigma$의 데이터

와 정확히 동일하다. 이와 같이 σ 수준만 결정된다면, 표준정규분포표를 사용하여 해당 σ 구간 내에 전체 데이터 중 몇 %의 데이터가 포함되는지를 알 수 있다.

표 1-1의 데이터는 측정자가 측정기기를 가지고 부품을 측정한 데이터이다. 그렇기 때문에 데이터는 측정자에 의한 변동, 측정기기에 의한 변동 그리고 실제 부품의 변동들이 모두 포함되어 있다. 이 데이터를 분석에 사용하기 위해서는, 측정된 데이터들이 믿을 만하다는 신뢰가 있어야 한다. 그러나 만약에 측정자에 의한 변동 또는 측정기기에 의한 변동이 매우 크다면, 표 1-1의 데이터에 대한 신뢰도가 떨어져 분석을 위해 사용할 수 없을 것이다.

이와 같이 분석을 위해 측정 데이터를 사용하려면 데이터에 대한 신뢰도를 확인해야 하고, 측정자에 의한 변동과 측정기기에 의한 변동이 얼마나 큰지, 그리고 그 변동들이 데이터를 신뢰하기에 무리가 없을 정도인지를 확인해야 한다. 이와 같이 측정프로세스에서 측정자와 측정기기의 변동이 얼마나 큰지 파악하여, 그 변동을 수용할 수 있는지를 결정하는 과정이 측정시스템 분석이다.

2장

측정시스템 분석의 개요

제품을 생산하면서 제품이 정해진 규격에 적합한지를 확인하기 위해서 측정을 실행한다. 그리고 측정결과를 바탕으로, 생산된 제품이 규격에 적합한 제품인지 또는 규격을 벗어난 제품인지를 결정하게 된다.

그러나 제품을 측정하기 위해 사용하는 측정기에는 변동이 존재한다. 측정기 자체의 변동이 매우 크다면 측정기로 측정한 값이 정해진 규격 범위 내에 존재한다고 하더라도 그 값이 제품의 정확한 값을 표현하고 있다는 것을 신뢰할 수 없을 것이다. 그렇기 때문에 측정된 값이 어느 정도로 신뢰할 수 있는지를 확인해야 한다. 이를 위해서는 측정기를 포함한 측정시스템의 변동을 이해하고 이것이 제품의 측정결과에 미치는 영향을 허용할 것인지 허용하지 않을 것인지를 결정해야 할 것이다. 이와 같이 측정시스템의 변동을 이해하는 것이 바로 측정시스템 분석이 된다.

측정시스템을 통해서 측정된 데이터는 다음을 위해서 사용될 수 있다. 첫째, 측정된 데이터는 제품이 규정된 규격을 바탕으로 제품이 수용될 수 있는지 결정하는 데 사용될 수 있다. 둘째, 측정된 데이터를 사용하여 공정이 통계적으로 관리 상태에 있는지 또는 관리 상태를 벗어나 있는지를 판단하는 데에도 사용될 수 있다.

측정시스템의 변동을 이해하기 위한 가장 기본 항목이 바로 측정 불확도이다. 그렇기 때문에 이 장에서 우선 측정 불확도에 대해서 살펴 보도록 한다.

측정 불확도는 정의된 신뢰수준 내에서 참 측정결과를 포함할 것이라고 기대되는 범위를 나타내는 측정결과의 할당된 범위로 정의된다. 이 측정 불확도를 신뢰 구간을 포함하여 표현한 것이 바로 확장 측정 불확도로, 확장 측정 불확도를 U라고 했을 때, 확장 측정 불확도는 다음과 같이 표현된다.

$$U = ku_c$$

여기에서, k: 포함인자, 95% 신뢰범위에서 $k = 2$가 된다.

$$u_c: 합성 표준 불확도$$

합성 표준 불확도 u_c는 측정프로세스에서의 변동의 모든 중요 요소를 포함하는 것으로 아래와 같이 간단히 표현될 수 있다.

$$u_c^2 = \sigma_{성능}^2 + \sigma_{기타요소}^2$$

이를 바탕으로, 확장 측정 불확도 U는 0.2라고 하고, 확장 측정 불확도 측정의 기준이 되는 값 Y를 8이라고 했을 때, 이 기준값 Y는 확장 측정 불확도를 사용하여 다음과 같이 표현할 수 있다.

$$Y = 8 \pm 0.2 \,(신뢰수준 95\%)$$

이를 그림 2-1의 그래프로 표현해보면 기준값 8을 기준으로 정상적인 환경 하에서 제품을 측정했을 때 측정값이 7.8~8.2 사이에 값으로 표현될 확률이 약 95%에 해당된다는 뜻이 된다. 만약에 측정값이

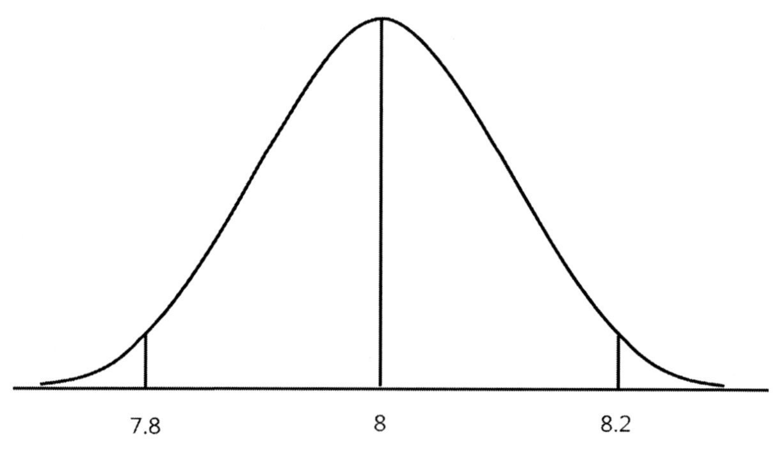

그림 2-1 확장 측정 불확도의 그래프 표현

7.7이라면, 이는 95% 신뢰수준을 벗어난 값이기 때문에 확률적으로 극히 드문 값이다. 그러므로 제품, 측정기, 측정자 또는 측정시스템 내에서 특이한 원인이 있을 수 있기 때문에 측정시스템을 그대로 사용하지 말고 추가 조사를 하여 원인을 밝히고 그 원인을 제거해야 한다는 의미가 된다.

이제 불확도 범위 및 적합범위와 부적합범위의 관계를 살펴보도록 하자.

그림 2-2는 불확도 범위의 변화에 따라서 적합범위와 부적합범위가 어떻게 변하는지를 보여준다. 이 그림을 통해 상단의 허용오차범위 쪽에서 하단의 적합범위 쪽으로 내려갈수록 불확도 범위가 증가한다는 것을 알 수 있다.

이는 변동에 따라서 적합범위가 어떻게 변하는가를 보여주는 것으로, 상단 부분에서는 불확도가 zero(0)이기 때문에, 규격 자체를 적합범위로 사용할 수 있음을 알려준다. 그러나 아래로 내려갈수록 불확도의 범위가 점점 커지기 때문에 규격 상한과 규격 하한에서는 오류가 발생할 수 있다. 그렇기 때문에 그림에서 위에서 아래로 내려갈수록 규격을 그대로 적합범위로 사용하지 못하고, 불확도 범위를 고려하여 적합범위가 점점 작아짐을 볼 수 있다.

이와 같이 제품이 수용될 것인지를 결정하기 위해서는 불확도가 중요한 역할을 하며, 불확도가 작으면 작을수록 좋은 측정시스템이

다. 이러한 측정 불확도와 관련된 내용은 측정기기 구매 시 공급자의
성적서 또는 외부시험실에서 측정기기 교정 시의 교정 성적서에서
확인할 수 있다.

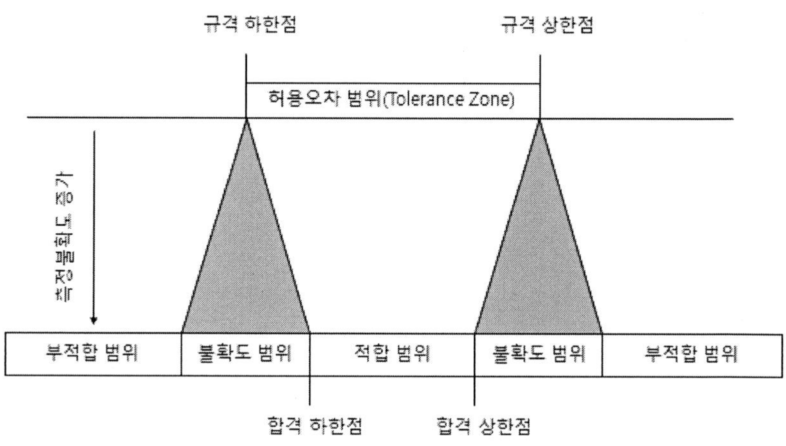

그림 2-2 불확도 범위 및 적합 범위와 부적합 범위

❸ 제품의 적합/부적합 판정

측정된 데이터는 제품의 적합 또는 부적합의 판정에 사용될 수 있
다. 이때에도 측정시스템의 변동은 측정 데이터로 제품의 적합 또는

부적합을 결정하는 데 영향을 미친다. 즉, 규격에 대비하여 제품의 적합범위를 결정할 때, 측정시스템의 변동에 의해서 측정 데이터의 값을 확신할 수 없는 영역은 적합 범위에서 제외해야 한다. 이를 그래프로 표시해보면 그림 2-3과 같다.

그림에서 A의 영역은 적합 영역으로, A의 영역에 해당하는 모든 측정 데이터는 모두 적합한 것으로 판단할 수 있다. 그리고 C의 영역 내에 있는 측정 데이터는 부적합 영역으로, 모두 부적합한 것으로 판정할 수 있다. 마지막으로 그림에서 B의 영역은 회색영역으로 측정 시스템이 가지는 변동으로 인해 측정 데이터가 적합 범위와 부적합 범위 모두에 속할 수 있기 때문에, 측정된 데이터가 적합하다고 판정할 수 없는 영역이다. 그렇기 때문에 B의 영역에 대해서는 더욱 정밀한 측정기로 측정하는 등의 추가적인 활동이 필요하다.

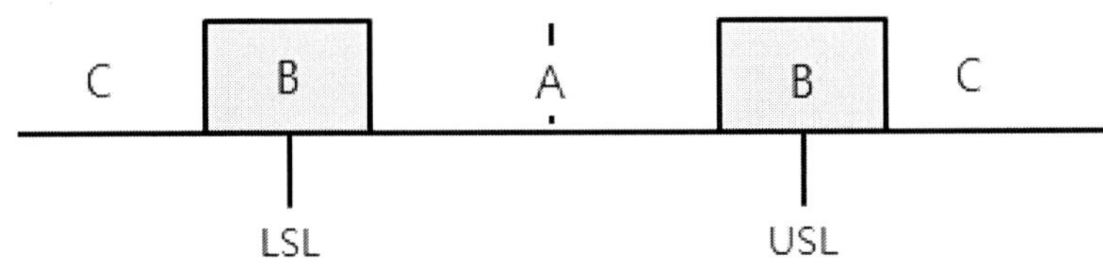

그림 2-3 제품의 수용여부 결정

여기에서 B의 영역은 두 가지 경우로 나눌 수 있다.

첫 번째는 실제 제품이 적합품인데, 측정시스템의 변동으로 인하여 부적합품으로 판정하는 것으로, 이를 제1종 오류라고 부른다. 두 번째는 실제 제품이 부적합품인데, 측정시스템의 변동으로 인하여 적합품으로 판정하는 것으로, 이를 제2종 오류라고 부른다.

표 2-1 제1종 오류와 제2종 오류

	적합품	부적합품
적합품	적합	제2종 오류
부적합품	제1종 오류	부적합

이러한 측정시스템의 개선 방향은 제1종 오류와 제2종 오류를 감소시키는 방향이어야 할 것이다. 이를 위해서는 다음의 두 가지 방법이 있을 수 있다.

첫째, 공정 능력을 향상시켜 모든 제품들이 A의 영역에 들어오도록 만드는 것이다. 그렇게 한다면 측정시스템의 변동이 크더라도 현재의 측정시스템을 사용할 수 있을 것이다.

둘째, 측정시스템을 개선시키는 것이다. 측정시스템을 개선함으로써 B의 영역을 더욱 줄인다면 생산된 제품에 대해서 더욱 정확한 측정을 할 수 있기 때문에 제품에 대한 판정이 더욱 정확해질 것이다.

생산현장에서는 측정을 통해서 제품의 값을 결정하게 된다. 그러나 이러한 측정데이터는 측정시스템의 변동이 포함된 값이다. 이렇게 측정기기에 의해서 측정된 제품의 값을 관측된 값이라고 부른다. 이 값은 제품의 실제값에서 변동을 가지는 측정시스템으로 측정한 값이기 때문에 제품의 실제값을 알 수는 없다.

생산현장에서 공정 능력을 조사할 때는 이러한 관측된 값들을 사용한다. 공정 능력은 관측된 데이터들이 가지는 변동과 밀접한 관계를 가지고 있다. 측정시스템의 변동을 공정 변동과 관련하여 그래프로 표현해보면 그림 2-4와 같다.

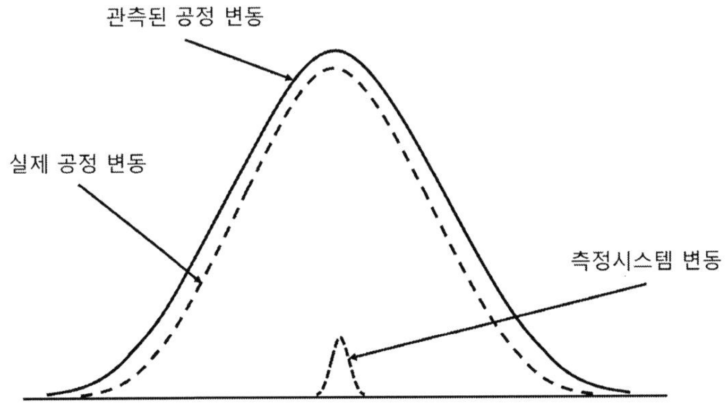

그림 2-4 측정 데이터에서의 변동 간의 관계

실제 공정 변동을 모르기 때문에 공정 능력을 조사할 때는 항상 관측된 변동을 바탕으로 연구한다. 그러나 관측된 변동은 항상 측정시스템의 변동을 포함하고 있다. 그렇기 때문에 제품의 실제적인 공정 변동은 항상 관측된 변동보다 더 작은 값을 가진다. 그리고 현 시점에서에서는 제품의 실제 공정 변동을 알지 못한다.

그러나 측정을 통해 관측된 변동을 알 수 있고, 측정시스템 분석을 통해서 측정시스템 변동을 알 수 있기 때문에 파악된 관측된 변동과 측정시스템 변동을 사용하여 실제 공정 변동을 알 수 있다. 이는 다음과 같은 식으로 정리된다.

$$\sigma^2_{\text{관측}} = \sigma^2_{\text{실제공정}} + \sigma^2_{\text{측정시스템}}$$

공정 능력 $Cp = \dfrac{USL - LSL}{6\sigma}$ 로 계산되므로 위의 식을 공정 능력으로 표현하면

$$(Cp)^{-2}_{\text{관측}} = (Cp)^{-2}_{\text{실제공정}} + (Cp)^{-2}_{\text{측정시스템}}$$

이 된다.

여기에서 측정시스템 분석 결과인 Gage R&R(GRR)과 공정 능력 간의 관계를 도출할 수 있다. 규격 공차 범위를 기초하여 Gage R&R

(GRR)을 도출한 경우에 있어서 관측된 공정 능력과 실제 공정의 공정 능력은 아래와 같은 식과 같다.

$$Cp_{\text{실제공정}} = \frac{Cp_{\text{관측}}}{\sqrt{1 - (Cp_{\text{관측}} \times GRR)^2}}$$

위의 식을 바탕으로, Gage R&R과 실제 공정 능력, 그리고 관측된 공정 능력의 관계는 표 2-2가 된다.

표 2-2 측정시스템 GRR과 공정능력의 관계

관측된공정 Cp	측정시스템 GRR	실제공정 Cp
1.67	0.1 (10%)	1.69
1.67	0.2 (20%)	1.77
1.67	0.3 (30%)	1.93

표 2-2에서 관측된 공정 Cp가 1.67일 경우 측정시스템 GRR에 따라서 실제공정 Cp가 어떻게 차이가 나는지 살펴보자.

측정시스템 GRR이 10%인 경우, 실제 공정 Cp가 1.69로 관측된 공정 Cp와 비교하여 0.02로 작은 차이가 있음을 알 수 있다. 반면에, 측정시스템 GRR이 30%인 경우에는, 실제 공정 Cp가 1.93인데도 측정시스템 변동이 커서, 관측된 공정 Cp는 1.67이 된다.

이와 같이 측정시스템 변동이 커지면, 실제 공정 능력이 좋다고 하더라도 측정결과를 바탕으로 한 관측된 공정 능력이 좋지 않다는 결론을 내리게 될 수 있다. 그렇기 때문에 측정시스템의 변동이 수용할 수 있는 범위에 있는지 파악하는 것이 필요한 것이다.

이상에서 측정시스템 Gage R&R이 공정 능력의 조사에 있어서 어떻게 사용되는지 알아보았다. 실제 생산현장에서도 조사된 공정 능력이 목표치에 미달하는 경우에 Gage R&R과 실제 공정의 공정능력을 조사하여 측정시스템에 문제가 있는지 아니면 실제 공정에서 문제가 있는지 알 수 있다. 또한 공정 능력을 조사하는 데 측정시스템의 Gage R&R이 어떤 영향을 미치고 있는지를 이해하면 현재의 공정을 이해하는 데 더 많은 도움이 될 것이다.

▌공정 능력과 Gage R&R(GRR 관계식)

● 공식

$$\sigma^2_{관측} = \sigma^2_{실제공정} + \sigma^2_{측정시스템} \tag{1}$$

$$Cp_x = \frac{U-L}{6\sigma_x} \tag{2}$$

여기에서 U: 규격 상한, L: 규격하한, x: (1)에서의 관측, 실제 또는 측정시스템

그리고 $GRR\% = GRR \times 100\%$ (3)

규격 공차에 근거하여,

$$GRR = \frac{6\sigma_{측정시스템}}{U-L}$$ (4)

● 분석

$$Cp_{관측} = Cp_{실제공정} \times \frac{\sigma_{실제공정}}{\sigma_{관측}}$$

$$= Cp_{실제공정} \times \frac{\sqrt{\sigma^2_{관측} - \sigma^2_{측정시스템}}}{\sigma_{관측}} \quad (1)사용$$

공차범위를 사용한 GRR을 이용하여,

$$GRR = \frac{6\sigma_{측정시스템}}{U-L} = \frac{6\sigma_{관측}}{U-L} \times \frac{\sigma_{측정시스템}}{\sigma_{관측}}$$

$$= \frac{1}{Cp_{관측}} \times \frac{\sigma_{측정시스템}}{\sigma_{관측}} \quad (2)와 (4)를 사용$$

결과적으로

$$Cp_{관측} = Cp_{실제공정} \times \sqrt{1 - (Cp_{관측} \times GRR)^2}$$

즉,

$$Cp_{실제공정} = \frac{Cp_{관측}}{\sqrt{1 - (Cp_{관측} \times GRR)^2}}$$

⑤ 게이지의 판별력

게이지의 판별력(discrimination)은 분해능(resolution) 또는 판독성(readability)이라고도 불리는 것으로, 측정기가 감지할 수 있고 정확히 지시할 수 있는 최소한의 눈금 단위를 말한다. 이는 측정기기 눈금의 최소 단위의 값으로, 전통적으로 제품의 공차와 대비하여 판별력의 값이 1/10의 값이 되도록 측정기기를 선정한다.

예를 들면, 제품의 공차가 4mm의 명목값을 기준으로 −0~+0.10mm의 공차를 갖는다면, 규격의 공차가 0.10mm이기 때문에, 적용하는 측정기기는 0.10/10을 적용하여, 최소 눈금이 0.010mm를 갖는 측정기기를 사용해야 한다는 것을 의미한다. VDA 5 'Capability of Measurement Process'에서는 게이지의 판별력으로 5%, 즉 1/20을 적용할 것을 권장하고 있기도 하다.

만약 측정기기의 판별력(분해능 또는 판독성)이 부족하다면, 이는 제품의 개별적인 특성값을 계량적으로 나타내거나 공정의 변동을 파악하기에 적절한 시스템이 아니며, 이 경우에는 더 나은 변별력을 갖는 측정기기를 사용해야 한다.

❻ 측정 오차

측정시스템의 오차는 정확도와 정밀도의 두 범주로 분류할 수 있다. 정확도는 부품의 측정값과 실제값과의 차이를 말하며, 정밀도는 동일한 부품을 동일한 측정기기로 반복하여 측정했을 때 나타나는 변동을 말한다.

측정기기가 정확하지 않다면, 해당 측정기기로 측정된 측정값을 신뢰할 수 없을 것이다. 그리고 측정기기가 정밀하지 않다면 반복 측정된 값들의 산포가 커지기 때문에 마찬가지로 측정값을 신뢰할 수 없게 될 것이다.

그러므로 적용하는 측정시스템은 허용할 수 있는 정확도와 정밀도
를 가져야 한다.

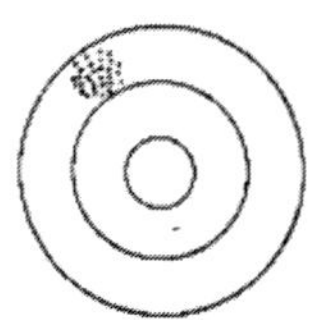
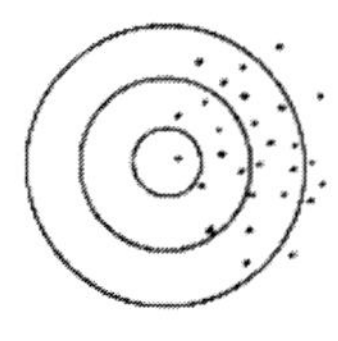
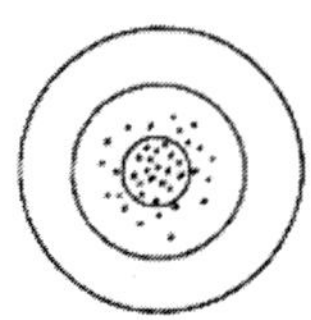
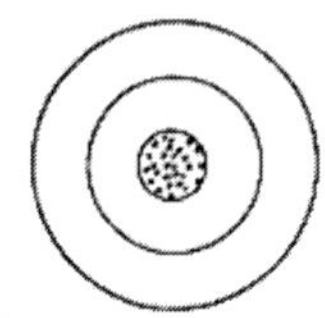

그림 2-5 정확도과 정밀도

정확도와 정밀도는 표 2-3과 같이 정리될 수 있다.

표 2-3 정확도와 정밀도

구 분		내 용
정확도	안정성 (stability)	단일 특성을 기준값이 정해진 기준 부품을 사용하여 동일한 측정기기로 장기간에 걸쳐 측정했을 때, 측정시스템으로부터 얻은 측정값의 총 변동
	편의(bias)	측정값의 평균과 기준값과의 차이
	선형성 (linearity)	기대되는 측정 범위에서 얻어진 측정값들의 변동의 일관성
정밀도	반복성 (repeatability)	동일한 측정자가 동일한 측정기기로 동일 제품을 반복 측정했을 때 발생되는 측정기기에 의한 측정값의 변동
	재현성 (reproducibility)	다수의 측정자가 동일한 측정기기로 동일제품을 측정했을 때, 발생되는 측정자에 의한 측정값의 변동

3장

계량치 데이터에
대한 측정시스템 분석

안정성은 시간이 경과함에 따른 측정시스템 변동의 안정성을 결정하기 위한 것이다.

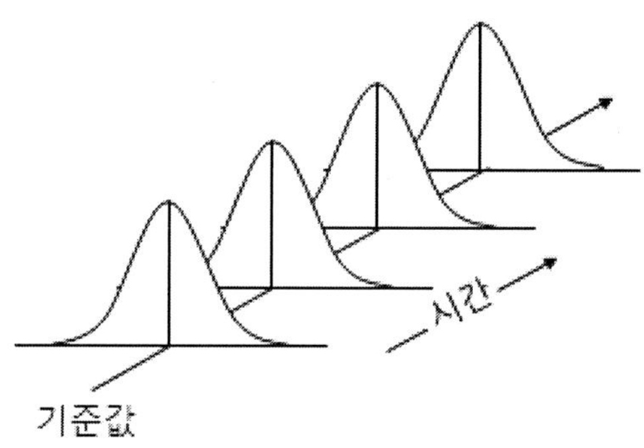

그림 3-1 측정시스템 안정성

안정성 수행을 위한 연구 절차는 다음을 따른다,

1) 기준값이 결정된 마스터 부품을 사용하거나 현장에서 생산된 제품에 대해 기준값을 결정한다.

더 정확한 연구를 위해서는, 기대되는 측정값의 낮은 부분, 높

은 부분 및 중간 부분을 대표하는 표본을 확보하여 각각에 대해
별도의 안정성 연구를 수행하는 것이 바람직할 것이다.

2) 매일 또는 매주와 같이 정기적으로 마스터 표본을 3~5회 측정
한다.
측정 주기를 설정할 때에는, 측정시스템이 얼마나 자주 사용되
는지 등에 따라서 적절하게 측정 주기를 설정하는 것이 바람직
하다.

3) 측정된 값들로 평균과 범위 그리고 평균의 상한 한계와 하한 한
계 및 범위의 상한 한계를 결정하고 데이터들을 $\overline{X}-R$ 관리도
에 기입한다.

4) 설정된 관리한계를 바탕으로 측정된 데이터들의 이상 또는 불
안정한 조건을 평가한다.

안정성 연구 시 관리 한계를 벗어난 측정값이 있는 경우에는 그 원
인을 분석하여 원인을 제거한 이후에 측정시스템을 사용해야 한다.

이와 같은 과정을 거쳐서 수행된 안정성 연구 사례는 표 3-1과 같
다. 이 사례는 48.500의 값을 갖는 기준 부품을 매일 5회씩 측정하여
안정성 연구를 수행한 것이다.

표 3-1 안정성 연구 데이터

	1일	2일	3일	4일	5일	6일	7일	8일	9일	10일
1	48.600	48.400	48.800	48.900	48.500	48.500	48.400	48.700	47.800	47.900
2	48.700	48.800	47.900	50.100	49.000	49.000	48.200	48.000	48.600	48.300
3	48.300	48.000	48.000	49.200	49.000	49.000	48.300	47.700	48.700	48.400
4	48.600	48.400	48.800	48.900	48.500	48.500	48.400	48.700	47.800	47.900
5	48.700	48.800	47.900	50.100	49.000	49.000	48.300	48.000	48.600	48.300
평균	48.58	48.48	48.28	49.44	48.80	48.80	48.32	48.22	48.30	48.16
범위	0.4	0.8	0.9	1.2	0.5	0.5	0.2	1	0.9	0.5
	11일	12일	13일	14일	15일	16일	17일	18일	19일	20일
1	48.100	48.200	48.100	48.300	48.000	47.900	48.100	48.300	48.100	48.000
2	48.600	48.500	48.700	48.900	48.700	48.300	48.400	48.600	48.600	48.600
3	48.700	48.900	48.500	48.600	48.600	48.700	48.700	48.500	48.700	48.700
4	48.100	48.200	48.100	48.300	48.000	47.900	48.100	48.300	48.100	48.000
5	48.600	48.500	48.700	48.900	48.700	48.300	48.400	48.600	48.600	48.600
평균	48.42	48.46	48.42	48.60	48.40	48.22	48.34	48.46	48.42	48.38
범위	0.6	0.7	0.6	0.6	0.7	0.8	0.6	0.3	0.6	0.7

안정성 연구 데이터에 대한 관리도는 아래의 계산식을 따른다.

$$\text{그룹의 평균: } \overline{X} = \frac{x_1 + x_2 + \ldots + x_n}{n}$$

$$n\text{은 그룹 내 샘플 수량}$$

$$\text{그룹 내 범위: } R = x_{\max} - x_{\min}$$

$$\text{전체 평균: } \overline{\overline{X}} = \frac{\overline{X}_1 + \overline{X}_2 + \ldots \overline{X}_k}{k} = 48.475$$

$$k\text{는 그룹의 수}$$

$$\text{범위의 평균: } \overline{R} = \frac{R_1 + R_2 + \ldots + R_k}{k} = 0.655$$

$$X\text{의 추정 표준편차: } \hat{\sigma}_X = \frac{\overline{R}}{d_2} = \frac{0.655}{2.326} = 0.2816$$

$$n = 5\text{일 때, } d_2 = 2.326$$

$$\overline{X}\text{의 관리한계:}$$

$$UCL_{\overline{X}} = \overline{\overline{X}} + 3\frac{\left(\overline{R}/d_2\right)}{\sqrt{n}} = 48.375 + 3\left(0.2816/\sqrt{5}\right) = 48.853$$

$$LCL_{\overline{X}} = \overline{\overline{X}} - 3\frac{\left(\overline{R}/d_2\right)}{\sqrt{n}} = 48.375 - 3\left(0.2816/\sqrt{5}\right) = 48.097$$

$$R\text{의 관리한계:}$$

$$UCL_R = D_4\overline{R} = 2.115 \times 0.655 = 1.3853$$

$$n = 5\text{일 때, } D_4 = 2.115$$

$$LCL_R = D_3\overline{R} = 0$$

$$n = 5\text{일 때, } D_3 = 0$$

이상의 과정을 거쳐서, 측정기기 안정성의 관리도를 타점하면 아래 그림 3-2와 같이 된다.

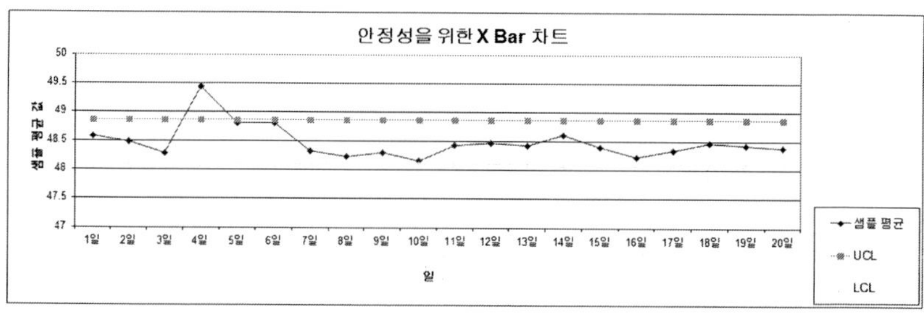

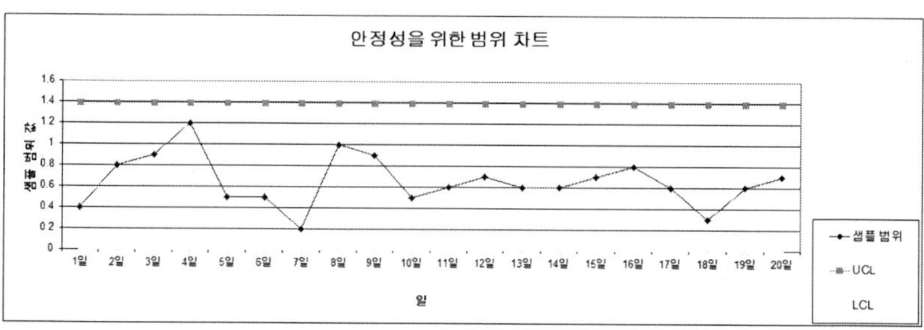

그림 3-2 안정성 연구 관리도

안정성 연구 결과 $\overline{X}-R$ 관리도에서 4일차 측정값이 상한 관리한 계를 벗어나는 것으로 관찰되었음을 볼 수 있다. 이에 대해서는, 측정시스템에서 어떤 요인에 의해서 관리한계를 벗어난 것인지 조사하여 원인을 제거할 필요가 있다. 범위관리도에서는 모든 타점들이 관리범위 내에 있음을 알 수 있다.

이와 같이 안정성 연구는 장기간에 걸쳐서 측정시스템의 변동이 안정된 상태에 있는지 또는 관리 한계를 벗어난 상태에 있는지를 확인하기 위해 사용되는 연구 방법이다. 안정성 연구에 대해서는 표준관리도만이 가능한 연구 방법이다.

▌관리도

통계적 품질 관리의 아버지라 불리는 슈하트는 통계적 원리와 공학의 개념을 결합하여 통계이론이 산업현장에 적용될 수 있도록 했다. 어떤 이들은 그의 업적 때문에 20세기 전반에 품질혁명이 일어날 수 있었으며 품질을 전담하는 직업이 나올 수 있었다고 주장하기도 한다.

슈하트는 캘리포니아 대학 버클리캠퍼스에서 물리학 박사학위를 취득 후, AT&T의 전신인 벨 전화회사에 통신용 장비를 납품하는 웨스턴일렉트릭사 에 입사하여 품질개선을 담당하는 엔지니어

들과 근무했다. 1905년에 설립된 웨스턴일렉트릭의 주력 공장은 호손공장으로, 1930년에 이 공장의 종업원은 4만 3천 명으로 미국에서 가장 큰 공장 중 하나였다.

당시 호손공장에서 생산된 장비는 높은 불량률로 인해 폐기되는 것이 적지 않았다. 이 때문에 고장 빈도와 수리 부담을 줄이는 것이 중요한 현안이 되었는데, 통신시스템의 신뢰성을 높이기 위해 애쓰던 엔지니어들은 제조공정의 산포를 줄이는 것이 중요하다는 것을 이해하고 있었다.

또한 불량이 발생하면 이에 대응하여 공정을 조정하고 있었는데 이 때문에 산포가 증가한다는 것도 깨달았다. 1924년 슈하트는 공정의 산포관리를 위한 관리도를 개발했다. 웨스턴일렉트릭은 그가 개발한 관리도를 사용함으로써 품질관리의 초점을 사후 검사에서 제조공정의 안정적 관리로 옮길 수 있었다.

1925년 슈하트는 벨전화연구소로 이직하여 은퇴할 때까지 근무했다. 1931년 슈하트는 『생산제품의 경제적 품질관리』라는 책을 출간했는데, 이 책은 통계적 품질관리 시대를 여는 계기가 되었다.

여기에서 우리는 20세기 초반의 공정 관리의 개념을 알 수 있다. 그것은 바로 불량이 발생하면 공정을 조정했다는 것인데, 관리 한계로 규격을 적용했을 때와 규격보다 작은 관리 한계를 적용했을 때의 차이점을 직관적으로 살펴보면 아래 그림과 같다.

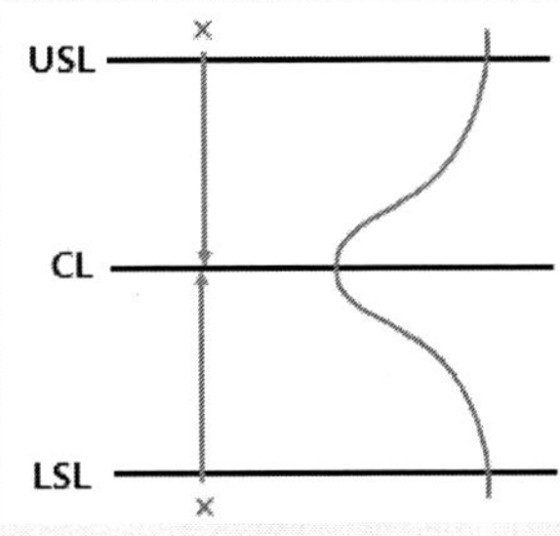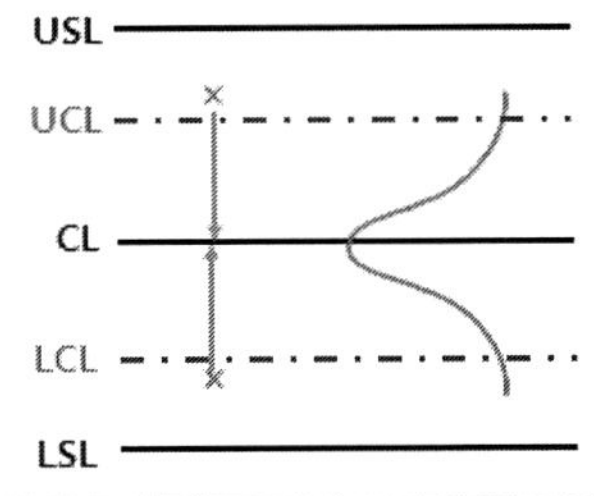

a) 규격이 벗어났을 때 조정   b) 관리한계를 벗어났을 때 조정

그림 a)는 공정에서 부품을 생산 중에 규격을 벗어났을 때 공정을 조정하는 것을 표현한 것이고, 그림 b)는 관리한계를 벗어났을 때 공정을 조정하는 것을 표현한 것이다.

산포를 비교해보면 a)의 산포가 b)의 산포보다 더 크다는 것을 볼 수 있다. b)의 경우, 공정 중에서 특별한 이상 상황이 발생하지 않는다면, 제품은 규격 내에서 생산될 것이라고 예측할 수 있다.

그러나 그림 a)에서는 산포가 크기 때문에 일상적인 생산 활동에서도 부적합품이 생산될 것이라는 것을 예측할 수 있다.

이와 같이 생산되는 제품의 산포가 커지면 부적합품을 생산할 가능성이 높아진다는 개념 하에서 만들어진 것이 바로 관리도이고, 관리도의 목적은 예방 관리를 통해 제품이 생산되는 공정의 산포를 줄이는 것이라는 것을 알 수 있다.

관리한계선으로 공정의 평균값 $\pm 3\sigma$를 적용한다. $\pm 3\sigma$를 적용하면, 어떤 효과를 가지기에 관리한계선으로 $\pm 3\sigma$를 적용하는 것일까.

$\pm 3\sigma$의 관리한계선은 순전히 통계적인 개념을 사용하여 적용되는 것이다. 공정이 $\pm 3\sigma$ 수준에 있다면, 모든 데이터 중에서 99.73%의 데이터가 관리한계선 내에 들어오게 된다. 관리한계를 벗어날 확률은 단지 0.27%로, 제품을 만 개 생산했을 때 27개의 부품이 관리한계를 벗어난다는 것을 예측할 수 있다는 의미이다.

규격한계선이 관리한계선보다 더 크기 때문에 이는 모든 부품이 규격 내에서 생산된다는 의미를 갖는다. 또한 규격이 관리한계선을 벗어날 확률이 0.27%로 매우 작기 때문에, 공정에서 제품을 생산하는 중에 관리한계선을 벗어난 제품이 발생했다는 것은 공정 중에서 일상적으로 이루어지는 활동 이외에 무엇인가 특별한 원인에 의해 제품이 관리한계선을 벗어났다는 말도 된다. 그렇기 때문에 제품이 관리한계선을 벗어난 경우에는 공정을 조사하여 그 원인을 밝히고 제거하는 것이 필요하다.

이와 같이 관리한계선은 무엇인가 다른 특별한 의미보다는 통계의 확률론적인 배경을 기반으로 하여 만들어진 것이기 때문에 다양한 산업분야에서 광범위하게 사용된다.

편의 연구는 기준값을 가진 표본을 사용하여 반복적으로 측정한 값이 기준값과 비교하여 얼마만큼의 변동을 가지고 있는지를 확인하는 방법이다.

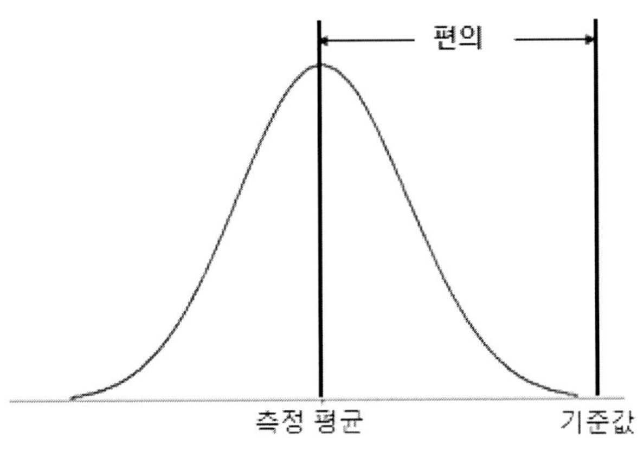

그림 3-3 측정시스템 편의

측정시스템에서 편의가 수용될 수 있는지를 결정하는 방법으로는, 독립 표본 방법에 의한 가설 검정을 사용한다.

$$H_0\ \text{편의} = 0$$

$$H_1\ \text{편의} \neq 0$$

측정시스템의 편의 연구 절차는 다음을 따른다.

1) 기준값이 결정된 마스터 부품을 사용하거나 생산된 부품 중 규격 공차의 중간 범위에 속하는 부품을 선택하여 기준값을 결정한다. 기준값을 결정하기 위해서 측정실에서 부품을 $n \geq 10$회 측정하여 그 평균값을 기준값으로 사용한다.

2) 한 명의 측정자로 하여금 통상적인 방법으로 마스터 부품 또는 기준값을 정한 부품을 $n \geq 10$회 측정하게 한다.

3) 측정값의 평균을 구하고, 반복성에 대한 표준편차를 계산한다. 편의 연구에서는, 측정자에 의한 원인이 없기 때문에 계산된 표준편차 그 자체가 반복성에 의한 표준편차가 된다.

$$\text{측정값의 평균: } \bar{x} = \frac{\sum x_i}{n}$$

$$\text{표준편차: } \sigma = \frac{\sum_{i=1}^{n}(x_i - \overline{x})^2}{n-1}$$

4) 반복성이 아래의 EV에 의해서 허용 가능한지를 결정한다.

$$\%EV = 100(EV/TV) = 100(\sigma/TV)$$

$$\text{여기에서, } TV = \frac{U-L}{6} \text{ 을 적용한다.}$$

$\%EV$의 허용수준은 Gage R&R에서 규정된 범주와 동일한 범주를 사용한다. $\%EV$ 계산 결과, $\%EV$값이 허용될 수 없는 수준이라면, 해당 측정시스템은 정의된 공차 범위에서 사용될 수 없음을 의미한다. 그러므로 측정기기를 수리하거나 더 정밀한 측정기를 사용하여 연구를 진행해야 한다. 여기에서 $\%EV$ 값이 현재의 공정에 해당 측정시스템을 사용할 것인지를 결정하는 첫 번째 기준이 된다.

5) $\%EV$값이 허용 수준에 있다면, 이제 편의에 대한 t통계량을 결정한다.

모집단의 표준편차를 모르기 때문에 편의 검정에서 t통계량을 사용한다.

$$t통계량 = t_{편의} = \frac{\overline{x} - \mu}{\sigma / \sqrt{n}}$$

6) 다음에 해당되는 경우, 측정시스템의 편의는 유의수준 α에서 수용이 가능한 것으로 결정된다.

편의와 관련된 $t_{통계량}$의 절대값이 유의 수준의 t값인 $t_{\nu, \frac{\alpha}{2}}$ 값 이하이거나 $t_{통계량}$과 관련된 p값이 α이상

$$|t_{통계량}| \leq t_{\nu, \frac{\alpha}{2}} \quad 또는$$

$$p \geq \alpha$$

사용되는 α 수준은 통상적으로 0.05(95% 신뢰수준)를 사용한다.

예제 다음은 규격 명목값 40.000 그리고 규격 공차 ±0.100의 부품에 대해 기준값이 40.000인 부품을 사용하여 편의 연구를 수행한 것이다.

표 3-2 편의 연구 데이터

	기준값 = 40	편의
1	40.003	0.003
2	39.998	-0.002
3	40.004	0.004
4	39.999	-0.001
5	40.000	0.000
6	39.999	-0.001
7	40.000	0.000
시 행 8	39.996	-0.004
9	39.999	-0.001
10	40.001	0.001
11	39.998	-0.002
12	40.000	0.000
13	40.002	0.002
14	40.001	0.001
15	39.997	-0.003

측정된 데이터를 바탕으로, 히스토그램을 그렸다.

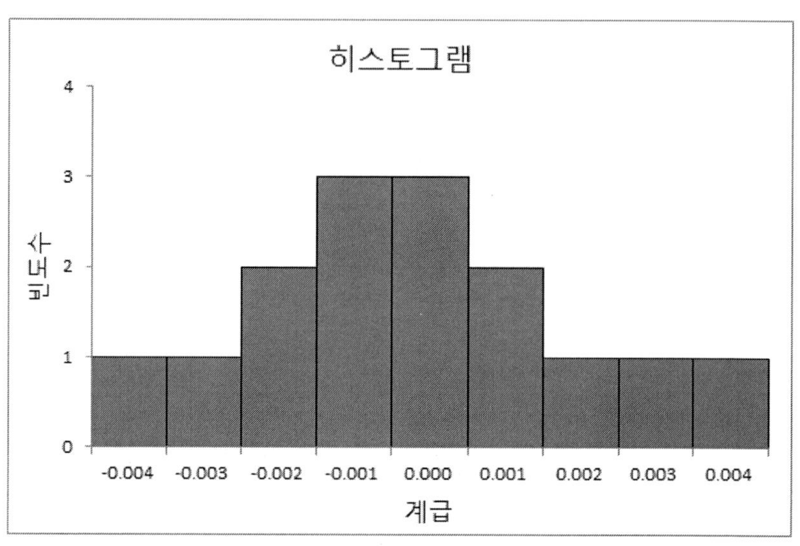

그림 3-4 편의 연구 히스토그램

히스토그램은 어떤 이상 또는 특이 상태를 보이지 않으므로 분석을 계속한다.

표 3-3 편의의 표준편차 계산

	n	평균	표준편차, σ
측정 값	15	39.9998	0.00218

표 3-3의 데이터를 바탕으로 $\%EV$를 계산한다.

$\%EV$는 $100\,[EV/TV] = 100\,[\sigma/TV]$로 계산되는 값으로, 여기에서는 TV를 결정하기 위해 규격 공차를 적용한다. 규격 공차가 0.2이므로, $TV = \dfrac{U-L}{6}$로 결정되는 TV는 0.033이 된다.

이 경우, $\%EV$는 $100\,[\sigma/TV]$에 값을 대입하여 계산하면 6.5%가 되므로, 반복성은 수용 가능하고 편의 연구는 계속될 수 있게 된다.

규격 공차가 0.04인 경우라면 $\%EV$는 32.7%가 되므로, 반복성은 수용될 수 없기 때문에 편의 연구는 계속 진행될 수 없으며 정해진 규격 공차에 대해서 이 측정기기는 사용할 수 없게 된다. 이러한 경우에는 더욱 정밀한 측정기기를 사용하거나 반복성 표준편차 발생 원인을 분석한 후 그 원인을 제거한 다음 편의 연구를 다시 수행해야 한다.

규격 공차가 0.2인 경우에 편의 연구를 계속 진행하면 아래와 같은 연구 결과를 얻게 된다.

표 3-4 편의 연구 분석

기준값 = 40.000, α=0.05				
자유도 (df)	평균 편의 (평균-기준값)	t통계량	p값	유의t 값 (양측)
측정값	14	-0.0002	-0.3557	0.7274	2.145

표 3-4에서 자유도 $\nu = n-1$로 정의되어, 샘플을 15회 측정했으므로 자유도(degree of freedom)는 14가 된다.

유의 t값은 $t_{\nu,\alpha/2} = t_{14, 0.025} = 2.145$가 되므로, $t_{통계량}$의 절대값 0.3557보다 $t_{\nu, \frac{\alpha}{2}}$ 값이 크므로 귀무가설을 채택하여 편의가 0이라고 할 수 있다. $t_{\nu, \frac{\alpha}{2}}$는 t 분포표에서 찾거나 엑셀을 사용하여 확인할 수 있다. 엑셀에서 =TNIST(0.05, 14)를 입력하면, $t_{\nu, \frac{\alpha}{2}} = 2.145$로 산출된다. 여기에서, α 값으로 0.025가 아니라 0.5를 사용하는 것에 주의해야 한다.

p값을 살펴보면 0.7274로 유의수준 $\alpha = 0.05$보다 크다. p값 또한 엑셀에서 구할 수 있는데, 엑셀에서 =TDIST(0.3557, 14, 2)를 입력하면 p값이 0.7274로 산출된다.

이제 편의의 95% 신뢰 구간을 구해보도록 한다. 신뢰 구간은 아래의 계산식을 통해서 얻을 수 있다.

$$\text{편의} - \left[\frac{\sigma}{\sqrt{n}}(t_{\nu, \alpha/2}) \right] \leq zero \leq \text{편의} + \left[\frac{\sigma}{\sqrt{n}}(t_{\nu, \alpha/2}) \right]$$

여기에서 $\nu = n-1$ 그리고 $t_{\nu, \alpha/2}$는 표준 t표를 사용하거나 엑셀에서 구한다.

$t_{통계량}$의 절대값이 $t_{\nu, \frac{\alpha}{2}}$ 값 이하인 경우에, 편의의 신뢰 구간은

zero(0)을 포함한다.

실제로 편의의 신뢰 구간을 구해보면,

$$-0.0002 - \frac{0.00218}{\sqrt{15}} \times 2.145 \leq 0 \leq -0.0002 + \frac{0.00218}{\sqrt{15}} \times 2.145$$

$$-0.0014 \leq 0 \leq 0.0010$$

신뢰구간이 (-0.0014, 0.0010)으로 구간 내에 zero(0)을 포함하고 있으므로, 신뢰 구간 추정에서도 편의는 수용될 수 있음을 알 수 있다.

▌표준편차의 계산

표준편차 $\sigma = \sqrt{\dfrac{1}{n-1}\sum_{i=1}^{n}(x_i - \overline{x})^2}$ 으로 정의된다.

엑셀에서는 수식을 사용하여 표준편차를 계산해도 되지만 간단히 아래의 함수로 표준편차를 계산할 수 있다.

$$=stdev(영역지정)$$

이 함수를 기억하게 되면, 측정시스템 분석과 통계적 공정 관리의 여러 부분에서 유용하게 사용할 수 있다.

선형성은 측정시스템이 사용되는 제품의 규격 범위에 걸쳐 측정시스템의 변동이 수용 가능한 것인지를 결정하는 방법이다.

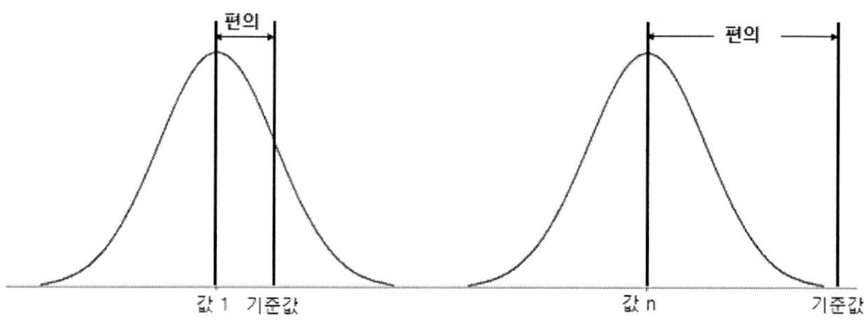

그림 3-5 선형성

측정시스템의 선형성 연구 절차는 다음을 따른다.

1) 측정기기의 적용 범위를 포함하도록 $g \geq 5$개 부품을 선택한다.

2) 각 부품을 반복 측정하여 기준값을 결정한다.

3) 측정자 중 한 명으로 하여금 각 부품을 $n \geq 10$회 측정하도록 한다.

측정 시 측정자의 기억에 의한 간섭을 최소화하기 위해 무작위로 측정하도록 한다.

4) 각 측정의 부품 편의 및 각 기준 부품의 편의 평균을 계산한다.

$$편의_{i,j} = y_{i,j} - x_i \text{에서,}$$

$$y_{i,j}\text{는 측정값 그리고 } x_i\text{는 기준값}$$

각 기준 부품의 편의 평균 $\overline{y}_i$

$$\overline{y}_i = \frac{\sum_{j=1}^{n} 편의_{i,j}}{n}$$

5) 아래 식을 사용하여 최적 적합선을 계산한다.

$$최적\ 적합선: \overline{y}_i = ax_i + b$$

여기에서,

$$x_i = 기준값(reference\,value)$$

$$\overline{y}_i = 편의\,평균(bias\,average)$$

$$\text{그리고 기울기 } a = \frac{s_{xy}}{s_x^2}$$

$$\text{여기에서, } s_{xy} = \frac{\sum (x_i - \overline{x})(y_i - \overline{y})}{n-1}$$

$$\text{그리고 } s_x^2 = \frac{\sum (x_i - \overline{x})^2}{n-1}$$

$$\text{절편 } b = \overline{y} - a\overline{x}$$

구해진 최적 적합선은 각 기준 부품에 대한 측정값들로부터의 거리 차의 제곱합이 최소가 되는 선, 즉 아래 6)의 오차제곱합 SSE가 최소가 되는 선이다.

6) 반복성 표준 편차 계산

최적적합선과 실제 데이터 포인트와의 편차는 '잔차'라고 부르며 e_i로 표시한다.

$$e_i = y_i - \overline{y}_i$$

잔차들은 오차항의 관측치들로, 최소편차제곱합은 오차제곱합 이라고 부르며 SSE로 표시된다. 오차제곱합은 반복성의 표준편차를 얻기 위해 사용되는 것으로 아래와 같이 계산된다.

$$SS_E = \sum (y_i - \bar{y}_i)^2 = (gn-1)\left(s_y^2 - \frac{s_{xy}^2}{s_x^2} \right)$$

측정 반복성의 표준편차 s_r은 오차항의 표준편차로 나타내어지는 것으로 선형모형의 적합도를 나타낸다. s_r이 크면, 일부의 오차항들이 커서(즉, 측정 반복도가 커서) 모형의 적합도가 불량하다는 것을 의미하고, 그 반대로 s_r이 작으면 모형의 적합도가 양호함을 의미한다. s_r은 다음의 계산식을 사용하여 얻을 수 있다. s_r은 편의 분석에서 사용한 σ와 그 의미가 같다.

$$\text{반복성의 표준편차 } \sigma = s_r = \sqrt{\frac{SSE}{gn-2}}$$

7) 반복성에 대한 표준편차를 사용하여 %EV를 계산하여 반복성이 수용 가능한지를 결정한다.

$$\%EV = 100(EV/TV) = 100(\sigma/TV)$$

여기에서, $TV = \dfrac{U-L}{6}$ 을 적용한다.

8) 최적적합선에 대해, 95%의 신뢰수준으로 적합선의 신뢰대를 구하여 그래프를 그린다. 적합선의 신뢰대는 아래와 같이 계산된다.

주어진 x의 값 x_g에 대한 α수준의 신뢰대는

$$\text{하한: } b + ax_g - t_{\alpha/2,\,gn-2}\,\sigma\sqrt{\frac{1}{gn} + \frac{(x_g - \overline{x})^2}{(gn-1)s_x^2}}$$

$$\text{상한: } b + ax_g + t_{\alpha/2,\,gn-2}\,\sigma\sqrt{\frac{1}{gn} + \frac{(x_g - \overline{x})^2}{(gn-1)s_x^2}}$$

여기에서 σ는 반복성에 의한 표준편차이다. 5)에서 계산되었다.

$$\sigma = s_r = \sqrt{\frac{SSE}{gn-2}}$$

x_g값에 대해 상한과 하한은 각각 x_1, x_2, x_3, x_4 그리고 x_5에 대해 각각 계산한다. 이것은 선형성의 상한과 하한을 구하는 계산식에서 각각의 값에 대해 편의의 기댓값의 범위을 구하는 것으로 이해하면 된다.

측정시스템의 선형성이 수용 가능하기 위해서는 '편의=0'선이 완전히 적합선의 신뢰대 내에 있어야 한다.

9) 그래픽분석 결과 측정시스템의 선형성이 허용 가능하다면, 아
래의 가설은 참이 된다.

귀무가설 H0: $a = 0$ 기울기=0

대립가설 H1: $a \neq 0$ 기울기$\neq$0

다음과 같으면 가설을 기각하지 않는다.

$$|t| = \cfrac{|a|}{\left[\cfrac{\sigma}{\sqrt{\sum (x_i - \overline{x})^2}} \right]} \leq t_{gn-2,\alpha/2}$$

또는, 기울기와 관련된 $t_{\text{통계량}}$의 p값이 α 이상

위의 가설이 참이라면 측정시스템은 모든 기준값에 대해 같은
편의를 가지고 있다. 선형성이 수용 가능하기 위해서 이 편의는
반드시 0이어야 한다.

귀무가설 H0: $b = 0$ 절편=0

대립가설 H1: $b \neq 0$ 절편$\neq$0

다음과 같으면 가설을 기각하지 않는다.

$$|t| = \frac{|b|}{\left[\dfrac{1}{gn} + \dfrac{\overline{x}^2}{\sum (x_i - \overline{x})^2} \right] \sigma} \leq t_{gn-2,\,\alpha/2}$$

또는, 절편과 관련된 $t_{통계량}$의 p값이 α 이상

예 제1 측정시스템의 선형성을 분석하기 위해 규격 명목값 40, 그리고 규격 공차 ±0.1의 부품에 대해, 적용되는 측정범위에 걸쳐서 다섯 부품을 선택했다. 각 부품에 대해 반복 측정을 수행하여 기준값을 결정한 후, 측정자가 랜덤으로 12회 반복 측정했다.

표 3-5 선형성 연구 데이터

부품 기준값	1 -0.100	2 -0.050	3 0.000	4 0.050	5 0.100
1	-0.110	-0.055	0.003	0.052	0.104
2	-0.105	-0.051	-0.002	0.054	0.110
3	-0.108	-0.052	0.004	0.059	0.107
4	-0.111	-0.050	-0.001	0.058	0.096
5	-0.109	-0.053	0.000	0.053	0.100
6	-0.109	-0.054	-0.001	0.052	0.107
7	-0.108	-0.052	0.000	0.052	0.105
8	-0.110	-0.050	0.002	0.054	0.100

시행횟수

	9	-0.108	-0.056	0.000	0.048	0.096
	10	-0.109	-0.053	0.002	0.050	0.101
	11	-0.108	-0.051	0.003	0.055	0.106
	12	-0.107	-0.052	0.001	0.047	0.105
편의 평균		-0.0070	-0.0024	-0.0003	0.0009	0.0031

선형성 연구 절차에 따라 데이터를 계산한 값은 표 3-6과 같다. 표 3-6의 값들은 엑셀을 사용하여 계산한 값이다. 이를 통해 최적 적합선은 $y = 0.0568x - 0.0008$이 됨을 알 수 있다.

표 3-6 선형성 연구 — 데이터 분석값

$\bar{\bar{y}}$	a	b	$\sigma = s_r$
-0.00082	0.0568	-0.0008	0.003248

표 3-7의 데이터를 바탕으로 $\%EV$를 계산한다.

$\%EV$는 $100\left[EV/TV\right] = 100\left[\sigma/TV\right]$로 계산되는 값으로, 여기에서는 TV를 결정하기 위해 규격 공차를 적용한다. 규격 공차가 0.2이고, $TV = \dfrac{U-L}{6}$로 결정되기 때문에 TV는 0.033이 된다.

이 경우 $\%EV$는 $100\left[\sigma/TV\right]$에 값을 대입하여 계산하면 9.7%가 되므로, 반복성은 수용 가능하고 선형성 연구는 계속될 수 있게 된다.

규격 공차가 0.04인 경우라면 $\%EV$는 48.7%가 되므로, 반복성은 수용될 수 없기 때문에 선형성 연구는 계속 진행될 수 없으며 정해진 규격 공차에 대해서 이 측정기기는 사용할 수 없게 된다. 이러한 경우에는 더욱 정밀한 측정기기를 사용하거나 반복성 표준편차 발생 원인을 분석하여 그 원인을 제거한 이후에 선형성 연구를 다시 수행해야 한다.

규격 공차가 0.2인 경우에 선형성 연구를 계속 진행하면 아래와 같은 연구 결과를 얻게 된다.

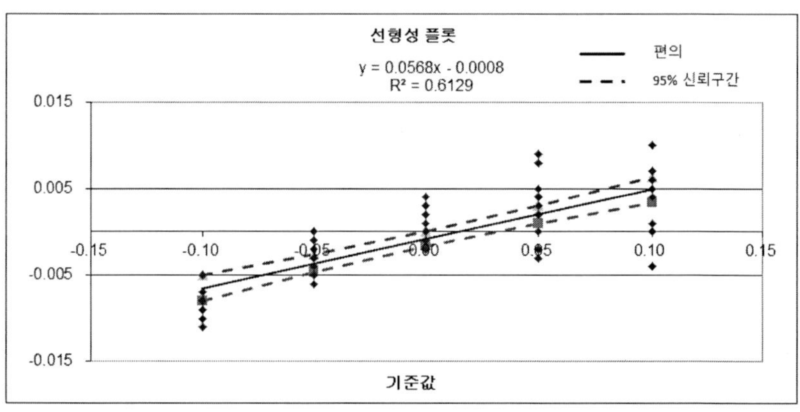

그림 3-6 선형성 분석 — 그래프 분석

그래픽 분석을 통한 선형성 분석 그래프는 그림 3-6과 같다. 그림에서 보듯이 선형성의 신뢰구간이 zero(0)을 포함하고 있지 않기 때문에 선형성 분석 결과 선형성은 수용 가능하지 않은 것으로 나타났다. 각각의 기준값에 대해 상한값과 하한값을 계산해보면 아래와 같다. 계산된 상한값과 하한값은 상기의 8)항을 이용하여 각각의 기준값에 대해 계산된 값이다.

표 3-7 선형성 연구 — 기준값별 신뢰구간의 상한값 및 하한값

기준값	-0.100	-0.050	0.000	0.050	0.100
상한값	-0.00795	-0.00469	-0.00166	0.00100	0.00341
하한값	-0.00505	-0.00263	-0.00002	0.00305	0.00632

표 3-7에서 보는 바와 같이 기준값 0.000에 대해서만 신뢰구간이 zero(0)를 포함하고 있고, 기준값 −0.100과 −0.050에 대해서는 신뢰구간이 음의 방향으로 치우쳐 있고 기준값 0.050과 0.100에서는 양의 방향으로 치우쳐 있음을 알 수 있어 측정시스템의 선형성에 문제가 있음을 알 수 있다.

추가로 9)항을 이용하여 t통계량을 계산해보면 표 3-8과 같이 된다. $t_a = 9.5832$으로 계산되고 $t_b = -1.94746$로 계산된다.

여기에서, $t_{qn-2,\alpha/2}=2.00172$ 이고, $|t_a|>t_{58,0.975}$이므로 역시, 선형성에 문제가 있음을 알 수 있다. $t_{gn-2,\alpha/2}$값은 편의에서와 마찬가지로 엑셀을 이용하여 구할 수 있다. 엑셀에서 =TINV(0.05, 58)을 입력하면, $t_{qn-2,\alpha/2}$ 값으로 2.00172가 얻어진다. 기울기 자체가 문제가 있기 때문에 절편 t_b의 절대값 1.94746이 $t_{58,0.025}$=2.00172보다 작다고 하더라도 선형성은 기울기의 t통계량 t_a에서 문제가 있기 때문에 수용될 수 없는 것으로 판단한다. 선형성을 수용할 수 있으려면, t_a와 t_b의 절대값이 모두 $t_{gn-2,\alpha/2}$이하여야 한다.

p값을 구해보아도 기울기 a에 대한 p값이 0으로, 유의수준 $\alpha=0.05$보다 작아 선형성에서 문제가 있음을 알 수 있다.

표 3-8 선형성 연구 분석

	α=0.05				
	기울기 a의 t통계량 (t_a)	절편 b의 t통계량 (t_b)	t통계량	기울기 a의 p값	절편 b의 p값
측정값	9.5832	-1.94746	2.00172	0	0.056

▌t분포

t분포표는 고셋(W.S. Gosset)이 'Student'라는 필명으로 발표한 것으로 'Student t'분포라고도 한다.

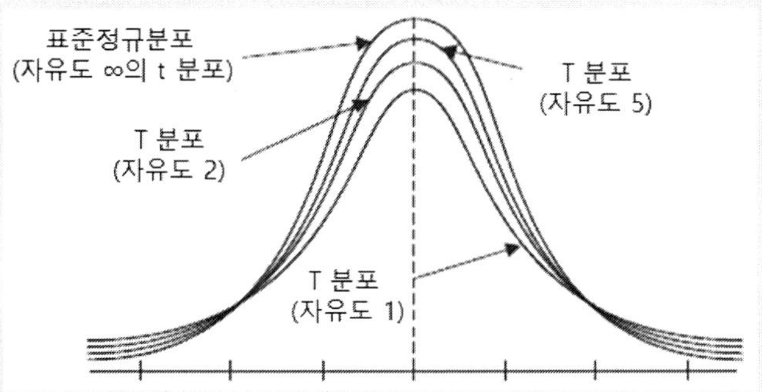

t분포는 그림에서 보는 것과 같이 0을 중심으로 좌우대칭의 분포를 하고 있어, 눈으로 보기에는 표준정규분포와 매우 비슷한 모습을 하고 있다. 그러나 t분포는 표준정규분포보다 더 넓게 퍼져있고 보다 평평하며 자유도에 따라서 모양이 달라지는데, 자유도가 커질수록(즉, 표본수가 많을수록) 표준정규분포에 가까운 모양이 된다.

t분포는 모집단을 모르는 경우에서의 가설검정과 구간 추정에 사용된다.

가설 검정 시에 t통계량은 $t = \dfrac{\bar{x} - \mu}{\sigma/\sqrt{n}}$ 값을 사용하여, 유의수준 t에서 대립가설을 채택할지 기각할지에 사용한다.

예를 들어, 유의수준이 0.05이고 자유도가 9일 때

귀무가설 $H_0 : \mu = 0$

대립가설 $H_1 : \mu \neq 0$

라는 가설을 검정할 때, $t_{0.025, 8} = 2.306$ 이다.

이는 엑셀에서 =TINV(0.05, 8)로 엑셀을 사용하여 구할 수도 있다.

이 때, $t = \dfrac{\bar{x} - \mu}{\sigma/\sqrt{n}}$ 가 1.725라면, 대립가설을 기각하고 귀무가설을 선호하여 평균이 0이라고 할 수 있다.

이때, p값은 엑셀을 사용하여 =TDIST(1.725, 8, 2)를 사용하면, 0.1228이 얻어져 유의수준 0.05보다 큼을 알 수 있다.

이와 같이 가설검정에서는 t통계량이 t값보다 작거나 p값이 유의수준보다 크면, 대립가설을 기각하고 귀무가설을 선호하게 된다.

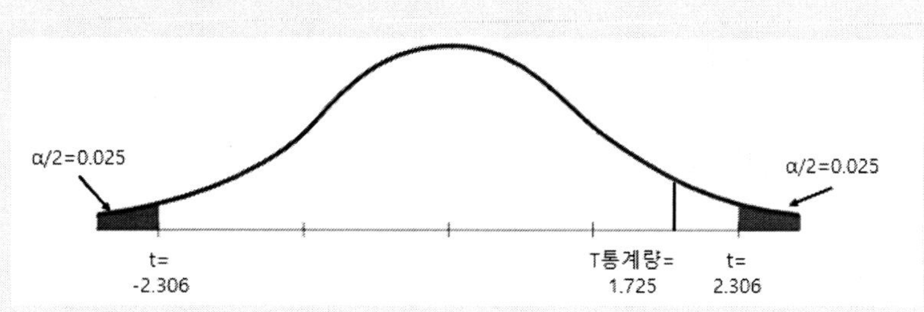

이를 그림으로 표현하면, 양측 검정에서 양쪽 유의 수준의 합이 0.5가 되는 t의 값은 2.306이지만 표본으로부터 산출한 t통계량 값은 1.725로 귀무가설을 만족시키는 범위 내에 있다는 의미가 된다.

σ값이 0.8696이고, $\bar{x}$가 0.5이고 알려진 μ값이 0이라면, 유의수준 0.05 수준에서 μ 값의 범위는

$$\bar{x} - \frac{\sigma}{\sqrt{n}} t_{0.025,8} \leq \mu \leq \bar{x} + \frac{\sigma}{\sqrt{n}} t_{0.025,8}$$

의 범위에 있다는 의미가 된다.

구해보면,

$$-0.1684 \leq \mu \leq 1.1684$$

로 0을 포함함을 알 수 있다.

Gage R&R은 측정시스템의 반복성과 재현성으로 인한 변동을 연구하는 것이다. 반복성은 동일한 측정자가 동일한 측정기기로 반복 측정했을 때 발생하는 측정값의 변동을 조사하는 것이고, 재현성은 다른 측정자가 동일 측정기기로 측정했을 때의 측정값의 변동을 조사하는 것이다.

Gage R&R은 크게 계량치 특성에 대한 Gage R&R과 계수치 특성에 대한 Gage R&R로 나뉜다. 계량치 특성에 대한 Gage R&R은 또한 반복 측정이 가능한 특성에 대한 Gage R&R 교차법(Crossed Gage R&R)과 반복 측정이 불가능한 특성에 대한 Gage R&R 내포법(Nested Gage R&R)으로 나뉜다. 그리고 계수치 데이터에 대한 Gage R&R은 Go/No-Go의 특성과 같이 불연속적인 특성을 갖는 측정시스템의 변동을 연구하기 위해 사용된다.

1) 계량치 데이터에 대한 Gage R&R 분석 — 반복 특성

반복 특성을 가지는 계량치 데이터에 대한 Gage R&R 분석 방법으로는 범위법, 평균범위법 그리고 분산분석(ANOVA) 법이 있다. 여기에서는 평균범위법과 분산분석(ANOVA) 법을 알아보도록 한다. 범위법의 경우, 반복성 및 재현성을 서로 분리하지 않고 Gage R&R을 확인하는 방법으로 *GRR*이 바뀌지 않았음을 신속히 확인하는 방법으로 사용되는 것으로 정확도가 떨어진다.

● Gage R&R 평균범위법

평균범위법($\overline{X}R$)은 측정시스템의 반복성과 재현성에 대한 추정값을 제공하는 방법이다.

평균범위법을 사용하여 Gage R&R을 연구하는 절차는 다음과 같다.

[데이터 수집]

① 제품에 적용되는 규격의 범위를 대변하는 $n \geq 10$개의 부품 표본을 얻는다.

② 측정자를 A, B, C라 하고, 측정시료에 1, 2 · · ·, n의 번호를 부여하고, 측정자는 이 번호를 알 수 없도록 한다.

③ 측정기기를 준비한다. 이 때, 필요하다면 측정기기의 교정을 실시한다.

④ 측정자 A로 하여금 n개 부품을 측정하게 하고, 측정결과를 Gage R&R 시트의 1행에 입력한다.

	측정자/ 시행	1	2	3	4	5	6 (부)
1	A 1	6.029	6.019	6.004	5.982	6.009	5.971
2	2	6.030	6.020	6.003	5.982	6.009	5.972
3	3						
4	평균						
5	범위						
6	B 1	6.033	6.020	6.007	5.985	6.014	5.973
7	2	6.032	6.019	6.007	5.986	6.014	5.972
8	3						
9	평균						
10	범위						
11	C 1	6.031	6.020	6.010	5.984	6.015	5.975
12	2	6.030	6.020	6.006	5.984	6.014	5.974
13	3						
14	평균						
15	범위						
16	부품 평균						

17	$\overline{\overline{R}} = \left(\left[\overline{R}_a = \quad \right] + \left[\overline{R}_b = \quad \right] + \left[\overline{R}_c = \quad \right] \right) / \left[측정자수 = \quad \right] =$
18	$\overline{X}_{DIFF} = \left[Max\ \overline{X} = \quad \right] - \left[Min\ \overline{X} = \quad \right] =$
19	$*UCL_R = \left[\overline{\overline{R}} = \quad \right] \times \left[D_4 = \quad \right] =$

* 반복 2일 경우 $D_4 = 3.27$, 반복 3일 경우 2.58. UCL_R은 개개 R의 관리한계를 나타낸다. 이 한계를 벗어나면 원으로 표시하고 원인과 수정 조치 사항을 확인한다. 처음 사용되었던 부품과 측정자를 그대로 하여 이들(한계를 벗어난 데이터)에 대해 다시 측정하거나 벗어난 값을 버리고 남은 값들로써 평균과 $\overline{\overline{R}}$ 그리고 한계값을 계산한다.

데이터 수집 시트

품				평균
7	8	9	10	
5.995	6.014	5.985	6.024	
5.997	6.018	5.987	6.028	
				$\overline{X}_a =$
				$\overline{R}_a =$
5.997	6.019	5.987	6.029	
5.996	6.015	5.986	6.025	
				$\overline{X}_b =$
				$\overline{R}_b =$
5.995	6.016	5.987	6.026	
5.994	6.015	5.986	6.025	
				$\overline{X}_c =$
				$\overline{R}_c =$
				$\overline{\overline{X}} =$
				$R_p =$
				$\overline{\overline{R}} =$

비고:

⑤ 측정자 B와 C도 n개의 부품을 측정하도록 하고, 측정결과를 6
행과 11행에 입력한다.

⑥ 또 다른 랜덤 사이클을 이용하여 측정을 반복하여 측정결과를
각각 2행, 7행, 12행에 입력한다. 세 번 측정을 하는 경우, 다시
랜덤 사이클을 이용하여 측정을 반복하여 측정결과를 각각 3
행, 8행, 13행에 입력한다.

①~⑥까지의 시행 결과는 표 3-9에 정리되어 있다. 표 3-9의 데이
터는 VDA 5 'Capability of Measurement Process'의 데이터로 세 명
의 측정자가 2회씩 반복 측정한 것이다.

[데이터 계산]

① 각각의 측정 데이터에 대해서 4행과 5행, 9행과 10행 그리고 14행
과 15행에 측정값들의 평균과 범위를 각각 계산하여 입력한다.

② 측정자별 각 시행횟수별 측정값의 평균을 맨 우측란에 입력하고,
상기 1)항의 값들의 평균과 범위 또한 맨 우측란에 입력한다.

③ 5행과 10행 그리고 15행에서 계산된 $\overline{R}$값을 17행의 $\overline{R}_a$, $\overline{R}_b$ 그
리고 $\overline{R}_c$에 입력한 후 측정자 수로 나누어 그 결과를 $\overline{\overline{R}}$란에 입

력한다.

④ 19행에서 $\overline{\overline{R}}$값과 D_4값을 곱하여 범위의 관리 한계선을 얻는다. 2회 또는 3회 반복 측정에서는 하한 한계값은 0이 된다. 2회 반복 측정일 경우 D_4는 3.27이고 3회 반복 측정일 경우 D_4는 2.58이다. 결정된 관리 한계선을 벗어난 값이 있을 경우, 측정을 다시 하거나 그 값들은 버리고 다시 계산한다.

⑤ 4행, 9행 그리고 14행에서 계산된 평균값 $\overline{X}$의 평균 중 최대값과 최소값을 18행에 입력하고 그 차이를 계산하여 $\overline{X}_{DIFF}$란에 입력한다.

⑥ 4행, 9행 그리고 14행에서 계산된 평균값을 측정자 수로 나누어 16행에 입력하고, 16행의 평균값을 16행 맨 우측의 $\overline{\overline{X}}$란에 입력하며, 16행의 최대값에서 최소값을 뺀 값을 16행 맨 우측의 R_p란에 입력한다. R_p 값은 부품 평균의 범위로 부품 변동과 구별 범주(ndc)를 계산하는 데 사용된다.

⑦ Gage R&R 계산 시트의 $\overline{\overline{R}}$, $\overline{X}_{DIFF}$ 그리고 R_p란에 데이터 시트에서 계산된 값을 입력한다.

	측정자/시행	1	2	3	4	5	부 6
1	A 1	6.029	6.019	6.004	5.982	6.009	5.971
2	2	6.030	6.020	6.003	5.982	6.009	5.972
3	3						
4	평균	6.0295	6.0195	6.0035	5.9820	6.0090	5.9715
5	범위	0.001	0.001	0.001	0.000	0.000	0.001
6	B 1	6.033	6.020	6.007	5.985	6.014	5.973
7	2	6.032	6.019	6.007	5.986	6.014	5.972
8	3						
9	평균	6.0325	6.0195	6.0070	5.9855	6.0140	5.9725
10	범위	0.001	0.001	0.000	0.001	0.000	0.001
11	C 1	6.031	6.020	6.010	5.984	6.015	5.975
12	2	6.030	6.020	6.006	5.984	6.014	5.974
13	3						
14	평균	6.0305	6.0200	6.0080	5.9840	6.0145	5.9745
15	범위	0.001	0.000	0.004	0.000	0.001	0.001
16	부품 평균	6.0308	6.0197	6.0062	5.9838	6.0125	5.9728
17	$\overline{\overline{R}} = \left(\left[\overline{R_a} = 0.0016 \right] + \left[\overline{R_b} = 0.0014 \right] + \left[\overline{R_c} = 0.0011 \right] \right)$						
18	$\overline{X}_{DIFF} = \left[Max\ \overline{X} = 6.0058 \right] - \left[Min\ \overline{X} = 6.0039 \right] = 0.0019$						
19	$UCL_R = \left[\overline{\overline{R}} = 0.00137 \right] \times \left[D_4 = 3.27 \right] = 0.00448$						

R&R 데이터 수집 시트

품				평균
7	8	9	10	
5.995	6.014	5.985	6.024	6.0032
5.997	6.018	5.987	6.028	6.0046
5.9960	6.0160	5.9860	6.0260	$\overline{X}_a = 6.0039$
0.002	0.004	0.002	0.004	$\overline{R}_a = 0.0016$
5.997	6.019	5.987	6.029	6.0064
5.996	6.015	5.986	6.025	6.0052
5.9965	6.0170	5.9865	6.0270	$\overline{X}_b = 6.0058$
0.001	0.004	0.001	0.004	$\overline{R}_b = 0.0014$
5.995	6.016	5.987	6.026	6.0059
5.994	6.015	5.986	6.025	6.0048
5.9945	6.0155	5.9865	6.0255	$\overline{X}_c = 6.0054$
0.001	0.001	0.001	0.001	$\overline{R}_c = 0.0011$
5.9957	6.0162	5.9863	6.0262	$\overline{\overline{X}} = 6.0050$ $R_p = 0.0580$
$/[측정자 수 = 3] = 0.00137$				$\overline{\overline{R}} = 0.00137$
				$\overline{X}_{DIFF} = 0.0019$
				$UCL_R = 0.00448$

⑧ Gage R&R 계산 시트에서 제시된 계산식에 따라서 계산을 수행하고, 서식 오른쪽 '% 총변동'을 계산한다.

⑨ 결과를 체크하여 오류가 있는지를 확인한다.

표 3-11 게이지 반복성 및 재현성 보고서

부품 번호&공정명:	게이지명:	날짜:
특성	게이지번호:	분석자:
사양	게이지 형태:	

데이터 시트로부터: $\overline{\overline{R}} = 0.00137$ $\overline{X}_{DIFF} = 0.0019$

$$R_p = 0.0580$$

측정 단위 분석	% 총 변동 (TV)
반복성-측정기 변동(EV) $EV = \overline{\overline{R}} \times K_1$ $= 0.00137 \times 0.8662$ $= 0.001187$	$\%EV = 100\left[EV/TV\right]$ $= 100[0.001187/0.01831]$ $= 6.5\%$

반복 수	K_1
2	0.8662
3	0.5908

<table>
<tr>
<td colspan="3" align="center">재현성-측정자 변동(AV)

$AV = \sqrt{(\overline{X}_{DIFF} \times K_2)^2 - (EV^2/(nr))}$

$= \sqrt{(0.0019 \times 0.5231)^2 - (0.001187^2/(10 \times 2))}$</td>
<td rowspan="2" align="center">$\%AV = 100\,[AV/TV]$

$= 100[0.000958/0.01831]$

$= 5.2\%$</td>
</tr>
<tr>
<td align="center">=0.000958
n=부품 수
r=반복 수</td>
<td align="center">측정자
수

K_2</td>
<td align="center">2

0.7071</td>
</tr>
</table>

위 표의 측정자 수 열: 2 → 0.7071, 3 → 0.5231

재현성-측정자 변동(AV)			$\%AV = 100\,[AV/TV]$

반복성 & 재현성(GRR)			$\%GRR = 100\,[GRR/TV]$

$$GRR = \sqrt{EV^2 + AV^2}$$

$$= \sqrt{(0.20188^2 + 0.22963^2)}$$

$$= 0.001525$$

부품 수	K_3
2	0.7071
3	0.5231
4	0.4467
5	0.4030
6	0.3742
7	0.3534
8	0.3375
9	0.3249
10	0.3146

$\%GRR = 100\,[GRR/TV]$

$= 100[0.001525/0.01831]$

$= 8.3\%$

부품 변동(PV)

$$PV = R_p \times K_3 = 0.018247$$

총 변동(TV)

$$TV = \sqrt{GRR^2 + PV^2}$$

$$= \sqrt{(0.001525^2 + 0.018247^2)}$$

$$= 0.01831$$

$\%PV = 100\,[PV/TV]$

$= 100[0.018247/0.01831]$

$= 99.65\%$

$$ndc = 1.41(PV/GRR)$$

$$= 1.41(0.018247/0.001525)$$

$$= 16.871 \cong 16$$

● Gage R&R 수치 계산

① 반복성 계산

반복성 또는 측정기 변동(EV 또는 σ_E)은 평균범위($\overline{\overline{R}}$)와 상수(K_1)을 곱하여 얻어진다.

$$EV = \overline{\overline{R}} \times K_1$$

② 재현성 계산

재현성 또는 측정자 변동(AV 또는 σ_A)는 측정자 간 최대 평균 차($\overline{X}_{DIFF}$)에 상수(K_2)를 곱한 값을 제곱한 후 $\dfrac{(EV)^2}{nr}$을 뺀 값의 제곱근으로 구한다. 여기에서 n은 부품 수 그리고 r은 반복 측정 횟수이다.

$$AV = \sqrt{(\overline{X}_{DIFF} \times K_2)^2 - (EV^2/(nr))}$$

③ 반복성 및 재현성(측정시스템의 변동) 계산

반복성 및 재현성(GRR 또는 σ_M)은 EV의 제곱과 AV의 제곱의 합의 제곱근을 구하여 계산된다.

$$GRR = \sqrt{EV^2 + AV^2}$$

④ 부품 변동

부품 변동(측정 변동을 갖지 않는 부품 변동)(PV 또는 σ_P)는 부품 평균의 범위(R_P)에 상수(K_3)를 곱한 값으로 계산된다. 이 값은 총 변동(TV 또는 σ_T)과 변별 범주의 수를 계산할 때 사용된다.

$$PV = R_P \times K_3$$

⑤ 총 변동

연구의 총 변동(TV 또는 σ_T)은 반복성 및 재현성 변동(GRR)과 부품 간 변동(PV) 모두를 제곱하여 합한 값의 제곱근을 계산하여 얻어진다.

$$TV = \sqrt{GRR^2 + PV^2}$$

TV를 계산할 때, 또 다른 방법으로는 규격 범위를 사용할 수도 있다. 이 경우, TV는 규격 상한값에서 규격 하한값을 뺀 값을 6으로 나누어 구한다.

$$TV = \frac{USL - LSL}{6}$$

TV로 규격 범위를 사용할 경우, 부품 변동(PV)는 TV의 제곱에

서 GRR의 제곱을 뺀 값의 제곱근으로 구한다.

$$PV = \sqrt{(TV)^2 - (GRR)^2}$$

⑥ % 총 변동 계산

상기에서 계산된 변동들을 총 변동(TV)로 나누어 % 총 변동을 계산한다.

$$\%EV = 100(EV/TV)$$
$$\%AV = 100(AV/TV)$$
$$\%GRR = 100(GRR/TV)$$
$$\%PV = 100(PV/TV)$$

GRR 연구 결과에 따른 판정은 표 3-12와 같으며, 기준은 $\%EV$, $\%AV$ 그리고 $\%GRR$에 대해 각각 동일하게 적용한다.

표 3-12 GRR **판정**

10% 미만	측정기기 관리가 잘 되어 있는 편임.
10% 이상 30% 미만	측정기기의 수리비용, 측정오차의 심각성 등을 고려하여 조치 여부를 결정함.
30% 미만	측정기기 관리가 미흡하여, 반드시 측정기기 오차의 원인을 규명하여 제거해야 함.

⑦ 변별 범주의 수

마지막으로 측정시스템에 의해서 신뢰성 있게 구분될 수 있는 변별 범주의 수(ndc)를 구한다. ndc는 부품 변동(PV)을 반복성 및 재현성(GRR)으로 나눈 값에 1.41을 곱한 값으로 얻어지며, 이 값은 기대되는 생산 변동의 범위를 포함할 수 있는 중첩되지 않은 97% 신뢰구간의 수이다. ndc는 소수점 이하는 버린 정수 값으로 5보다 크거나 같아야 한다.

$$ndc = 1.41\,(PV/GRR)$$

여기에서 $PV = R_P \times K_3$로 계산되고, PV 값을 구하는 데 사용되는 R_P는 부품 평균의 범위로부터 구한다. 이 부품 평균의 범위는 취해진 부품 표본으로부터 구해지는데, 이 부품 평균이 제품의 규격 범위에 걸쳐서 충분한 넓이를 가지고 취해져야 ndc가 큰 값을 가진다. 그렇기 때문에 Gage R&R 연구 결과, ndc가 5보다 작은 값을 가진다면, 부품 표본이 규격 범위에 걸쳐서 충분한 넓이를 가지고 구해졌는지 확인해볼 필요가 있다.

- Gage R&R ANOVA(분산분석)법

Gage R&R 평균범위법은 부품표본 수, 측정자 수 그리고 반복횟수에 따른 상수 K값을 사용하여 EV와 AV 그리고 GRR을 계산하는 방법으로, 분산을 추정하는 데에 있어서 ANOVA법에 비해 정확성이 떨어진다. 그리고 ANOVA법은 부품과 측정자 간 교호작용을 분리할 수 있는 반면에 평균범위법은 부품과 측정자간 교호작용을 분리할 수 없다. 그렇기 때문에 ANOVA법이 평균범위법에 비해 더욱 정확하게 Gage R&R 결과를 산출할 수 있다. 그러나 ANOVA법은 평균범위법과 비교하여 수식이 복잡하여, 엑셀로 ANOVA법을 실행하는 데는 어려움이 있으며, 통계 소프트웨어를 사용하여 분석을 실시하는 것이 연구를 수행하기에 더욱 수월하다.

Gage R&R ANOVA법을 시행하기 위해 평균범위법에서 사용된 데이터를 사용하도록 한다. 데이터는 표본 부품, 측정자, 반복 수를 식별하기 위해 새롭게 구성했다.

표 3-13 ANOVA 분석을 위한 Gage R&R 데이터

측정자 A		측정자 B		측정자 C	
x_{111}	x_{112}	x_{121}	x_{122}	x_{131}	x_{132}
6.029	6.030	6.033	6.032	6.031	6.030
x_{211}	x_{212}	x_{221}	x_{222}	x_{231}	x_{232}
6.019	6.020	6.020	6.019	6.020	6.020
x_{311}	x_{312}	x_{321}	x_{322}	x_{331}	x_{332}
6.004	6.003	6.007	6.007	6.010	6.006
x_{411}	x_{412}	x_{421}	x_{422}	x_{431}	x_{432}
5.982	5.982	5.985	5.986	5.984	5.984
x_{511}	x_{512}	x_{521}	x_{522}	x_{531}	x_{532}
6.009	6.009	6.014	6.014	6.015	6.014
x_{611}	x_{612}	x_{621}	x_{622}	x_{631}	x_{632}
5.971	5.972	5.973	5.972	5.975	5.974
x_{711}	x_{712}	x_{721}	x_{722}	x_{731}	x_{732}
5.995	5.997	5.997	5.996	5.995	5.994
x_{811}	x_{812}	x_{821}	x_{822}	x_{831}	x_{832}
6.014	6.018	6.019	6.015	6.016	6.015
x_{911}	x_{912}	x_{921}	x_{922}	x_{931}	x_{932}
5.985	5.987	5.987	5.986	5.987	5.986
x_{1011}	x_{1012}	x_{1021}	x_{1022}	x_{1031}	x_{1032}
6.024	6.028	6.029	6.025	6.026	6.025

x_{ijm} i: 부품 표본(i: 1~n), j: 측정자(j: 1~k), m: 반복 수(m: 1~r)

ANOVA 분석을 실행하기 위해 데이터를 정리하면 표 3-14와 같이 된다.

표본 부품	A			B		측정
1	x_{111}	6.029	$\overline{x}\,[AB]_{11} =$	x_{121}	6.033	$\overline{x}\,[AB]_{12} =$
	x_{112}	6.030	6.0295	x_{122}	6.032	6.0325
2	x_{211}	6.019	$\overline{x}\,[AB]_{21} =$	x_{221}	6.020	$\overline{x}\,[AB]_{22} =$
	x_{212}	6.020	6.0195	x_{222}	6.019	6.0195
3	x_{311}	6.004	$\overline{x}\,[AB]_{31} =$	x_{321}	6.007	$\overline{x}\,[AB]_{32} =$
	x_{312}	6.003	6.0035	x_{322}	6.007	6.0070
4	x_{411}	5.982	$\overline{x}\,[AB]_{41} =$	x_{421}	5.985	$\overline{x}\,[AB]_{42} =$
	x_{412}	5.982	5.9820	x_{422}	5.986	5.9855
5	x_{511}	6.009	$\overline{x}\,[AB]_{51} =$	x_{521}	6.014	$\overline{x}\,[AB]_{52} =$
	x_{512}	6.009	6.0090	x_{522}	6.014	6.0140
6	x_{611}	5.971	$\overline{x}\,[AB]_{61} =$	x_{621}	5.973	$\overline{x}\,[AB]_{62} =$
	x_{612}	5.972	5.9715	x_{622}	5.972	5.9725
7	x_{711}	5.995	$\overline{x}\,[AB]_{71} =$	x_{721}	5.997	$\overline{x}\,[AB]_{72} =$
	x_{712}	5.997	5.9960	x_{722}	5.996	5.9965
8	x_{811}	6.014	$\overline{x}\,[AB]_{81} =$	x_{821}	6.019	$\overline{x}\,[AB]_{82} =$
	x_{812}	6.018	6.0160	x_{822}	6.015	6.0170
9	x_{911}	5.985	$\overline{x}\,[AB]_{91} =$	x_{921}	5.987	$\overline{x}\,[AB]_{92} =$
	x_{912}	5.987	5.9860	x_{922}	5.986	5.9865
10	x_{1011}	6.024	$\overline{x}\,[AB]_{101} =$	x_{1021}	6.029	$\overline{x}\,[AB]_{102} =$
	x_{1012}	6.028	6.0260	x_{1022}	6.025	6.0270
$\overline{x}\,[B]_j$	$\overline{x}\,[B]_1 = 6.0039$			$\overline{x}\,[B]_2 = 6.0058$		

Gage R&R 데이터 정리

	C		$\overline{x}\,[A]_i$
x_{131}	6.031	$\overline{x}\,[AB]_{13} =$	$\overline{x}\,[A]_1 =$
x_{132}	6.030	6.0305	6.0308
x_{231}	6.020	$\overline{x}\,[AB]_{23} =$	$\overline{x}\,[A]_2 =$
x_{232}	6.020	6.0200	6.0197
x_{331}	6.010	$\overline{x}\,[AB]_{33} =$	$\overline{x}\,[A]_3 =$
x_{332}	6.006	6.0080	6.0062
x_{431}	5.984	$\overline{x}\,[AB]_{43} =$	$\overline{x}\,[A]_4 =$
x_{432}	5.984	5.9840	5.9838
x_{531}	6.015	$\overline{x}\,[AB]_{53} =$	$\overline{x}\,[A]_5 =$
x_{532}	6.014	6.0145	6.0125
x_{631}	5.975	$\overline{x}\,[AB]_{63} =$	$\overline{x}\,[A]_6 =$
x_{632}	5.974	5.9745	5.9728
x_{731}	5.995	$\overline{x}\,[AB]_{73} =$	$\overline{x}\,[A]_7 =$
x_{732}	5.994	5.9945	5.9957
x_{831}	6.016	$\overline{x}\,[AB]_{83} =$	$\overline{x}\,[A]_8 =$
x_{832}	6.015	6.0155	6.0162
x_{931}	5.987	$\overline{x}\,[AB]_{93} =$	$\overline{x}\,[A]_9 =$
x_{932}	5.986	5.9865	5.9863
x_{1031}5.98	6.026	$\overline{x}\,[AB]_{103} =$	$\overline{x}\,[A]_{10} =$
x_{1032}	6.025	6.0255	6.0262
$\overline{x}\,[B]_3 = 6.0054$			$\overline{\overline{x}} =$ 6.0050

표 3-14는 부품 표본을 세로축 그리고 측정자를 가로축으로 하여 데이터를 정리한 것으로, $\bar{x}[AB]_{ij}$는 부품 표본과 측정자를 기준으로 반복 측정한 데이터를 평균한 값이고, $\bar{x}[A]_i$는 각 부품 표본에 대해서 측정자별로 반복 측정한 데이터를 평균한 값이다. 그리고 $\bar{x}[B]_j$는 각 측정자별로 반복 측정한 부품 표본별 측정값들을 평균한 값이다. 이들 데이터는 ANOVA 분석을 실시할 때, 제곱합을 계산하기 위해 사용된다. 표 3-15의 데이터로 ANOVA 분석을 실시한 결과는 아래와 같다.

표 3-15 ANOVA 분석 결과

변동의 요인	자유도(df)	제곱합(SS)	평균제곱(MS)	F
측정자	2	0.000037	0.0000186	10.63
측정부품	9	0.020586	0.0022874	1307.08
측정자와 측정부품의 교호작용	18	0.000037	0.0000021	1.189
측정기기	30	0.000052	0.0000017	
합계	59	0.020739	0.0003515	

표 3-15의 ANOVA 분석 결과는 다음의 식을 사용하여 계산된다.

표 3-16 ANOVA 분석 계산식

변동의 요인	자유도 (df)	제곱합(SS)	평균제곱 (MS)	F	EMS
측정자	$k-1$	$SS_{B(측정자)}$	$MS_B = \dfrac{SS_B}{k-1}$	$\dfrac{MS_B}{MS_e}$	$\tau^2 + r\gamma^2 + nr\omega^2$
측정부품	$n-1$	$SS_{A(측정부품)}$	$MS_A = \dfrac{SS_A}{n-1}$	$\dfrac{MS_A}{MS_e}$	$\tau^2 + r\gamma^2 + kr\sigma^2$
측정자와 측정 부품의 교호작용	$(n-1)(k-1)$	$SS_{AB(측정부품 \times 측정자)}$	$MS_{AB} = \dfrac{SS_{AB}}{(n-1)(k-1)}$	$\dfrac{MS_{AB}}{MS_e}$	$\tau^2 + r\gamma^2$
측정기기	$nk(r-1)$	SS_e	$MS_e = \dfrac{SS_e}{nk(r-1)}$		τ^2
합계	$nkr-1$	TSS			

표본 부품 수: n, 측정자 수: k, 반복 수: r

표 3-16의 EMS는 평균제곱의 기댓값으로 선형관계식에 사용되는 항목들은 다음과 같다.

표 3-17 분산 요소의 추정

τ^2	측정기기 변동의 분산 추정값	$\tau^2 = MS_e$
γ^2	교호작용의 분산 추정값	$\gamma^2 = \dfrac{MS_{AB} - MS_e}{r}$
ω^2	측정자 변동의 분산 추정값	$\omega^2 = \dfrac{MS_B - MS_{AB}}{nr}$
σ^2	부품 변동의 분산 추정값	$\sigma^2 = \dfrac{MS_A - MS_{AB}}{kr}$

Gage R&R은 측정시스템에서 측정기기의 반복성과 측정자의 재현성을 분석한 것으로 표 3-17은 ANOVA 분석에서 GRR을 연구할 때 사용된다.

표 3-16에서 제곱합은 아래와 같이 계산된다.

① 제곱합의 총 합계 TSS

$$TSS = \sum_{i=1}^{n} \sum_{j=1}^{k} \sum_{m=1}^{r} (x_{ijk} - \overline{\overline{x}})^2$$

표 3-14를 사용하여 위의 방법으로 TSS를 계산하면 0.020739가 된다.

$$TSS = (x_{111} - \overline{\overline{x}})^2 + (x_{112} - \overline{\overline{x}})^2 + \ldots + (x_{1032} - \overline{\overline{x}})^2$$

$$= (6.029 - 6.0050)^2 + (6.030 - 6.0050)^2 + \ldots + (6.025 - 6.0050)^2$$

$$= 0.020739$$

② 측정부품의 제곱합 SS_A

$$SS_A = kr \sum_{i=1}^{n} (\overline{x}[A]_i - \overline{\overline{x}})^2$$

표 3-14를 사용하여 위의 방법으로 SS_A를 계산하면 0.020586이 된다.

$$SS_A = 6 \times [(\overline{x}[A]_1 - \overline{\overline{x}})^2 + (\overline{x}[A]_2 - \overline{\overline{x}})^2 + \ldots + (\overline{x}[A]_{10} - \overline{\overline{x}})^2]$$

$$= 6 \times [(6.0308 - 6.0050)^2 + (6.0197 - 6.0050)^2 + \ldots + (6.0262 - 6.0050)^2]$$

$$= 0.020586$$

③ 측정자의 제곱합 SS_B

$$SS_B = nr \sum_{j=1}^{k} (\overline{x}[B]_j - \overline{\overline{x}})^2$$

표 3-14를 사용하여 위의 방법으로 SS_B를 계산하면 0.000037이
된다.

$$SS_B = 20 \times [(\overline{x}[B]_1 - \overline{\overline{x}})^2 + (\overline{x}[B]_2 - \overline{\overline{x}})^2 + (\overline{x}[B]_3 - \overline{\overline{x}})^2]$$

$$= 20 \times [(6.0039 - 6.0050)^2$$
$$+ (6.0058 - 6.0050)^2 + (6.0054 - 6.0050)^2]$$

$$= 0.000037$$

④ 측정자와 측정부품의 교호작용의 제곱합 SS_{AB}

$$SS_{AB} = r \sum_{i=1}^{n} \sum_{j=1}^{k} (\overline{x}[AB]_{ij} - \overline{x}[A]_i - \overline{x}[B]_j + \overline{\overline{x}})^2$$

표 3-14를 사용하여 위의 방법으로 SS_{AB}를 계산하면 0.000037이
된다.

$$SS_{AB} = 2 \times [(\overline{x}[AB]_{11} - \overline{x}[A]_1 - \overline{x}[B]_1 + \overline{\overline{x}})^2 + ...$$
$$+ (\overline{x}[AB]_{103} - \overline{x}[A]_{10} - \overline{x}[B]_3 + \overline{\overline{x}})^2]$$

$$= 2 \times [(6.0295 - 6.0308 - 6.0039 + 6.0050)^2 + ...$$
$$+ (6.0255 - 6.0262 - 6.0054 + 6.0050)^2]$$

$$= 0.000037$$

⑤ 측정기기의 제곱합 SS_e

Gage R&R은 한 개의 측정기기를 사용하는 것이므로, ANOVA 분석에서의 오차 제곱합 SS_e가 측정기의 제곱합이 된다.

$$SS_e = \sum_{i=1}^{n}\sum_{j=1}^{k}\sum_{m=1}^{r}(x_{ijk} - \overline{x}[AB]_{ij})^2$$

표 3-14를 사용하여 위의 방법으로 SS_e를 계산하면 0.000052가 된다.

$$\begin{aligned}
SS_e &= (x_{111} - \overline{x}[AB]_{11})^2 + (x_{112} - \overline{x}[AB]_{11})^2 \\
&\quad + (x_{121} - \overline{x}[AB]_{12})^2 + ... + (x_{1032} - \overline{x}[AB]_{103})^2 \\
&= (6.029 - 6.0295)^2 + (6.030 - 6.0295)^2 \\
&\quad + (6.033 - 6.0325)^2 + ... + (6.025 - 6.0255)^2 \\
&= 0.000052
\end{aligned}$$

표 3-16 ANOVA 분석 계산 방법과 제곱합 계산 방법을 사용하여 ANOVA 분석을 실시한 것이 표 3-18 ANOVA 분석 결과이다. 연구를 계속 진행하기 위해 표 3-15의 ANOVA 분석 결과를 아래에서 다시 제시했다.

표 3-18 ANOVA 분석 결과

변동의 요인	자유도(df)	제곱합(SS)	평균제곱(MS)	F
측정자	2	0.000037	0.0000186	10.63
측정부품	9	0.020586	0.0022874	1307.08
측정자와 측정 부품의 교호작용	18	0.000037	0.0000021	1.189
측정기기	30	0.000052	0.0000017	
합계	59	0.020739	0.0003515	

표 3-18은 측정자와 측정 부품의 교호작용을 포함하여 분석한 결과이다. 이 교호작용이 분석 결과 유의미한 것으로 판단될 경우에는 측정시스템 분석에서 교호작용을 상쇄하고 계산해야 한다. 그러나 교호작용이 유의미하지 않은 것으로 판단되었을 때에는 교호 작용을 오차항에 풀링한 후 Gage R&R 연구를 수행해야 한다. ANOVA 분석은 분산에 대한 분석이기 때문에, 교호작용의 유의미성을 판단하기 위에서는 F 검정을 사용한다.

F 검정은 모평균들이 차이가 있다고 추론할 수 있는지를 검정하기 위해 사용된다. 그렇기 때문에 교호작용이 유의미하지 않다는 것은, 두 인자 요소의 모평균 간에 차이가 없다는 것을 의미한다.

F 검정에서 사용되는 F값은 $F_{\alpha, \nu 1, \nu 2}$로 정의된다. ANOVA 분석을 사용한 Gage R&R에서 $\alpha = 0.05$, $\nu 1$은 측정자와 측정 부품의 교호작

용의 자유도 18 그리고 $\nu 2$는 측정기기의 자유도 30으로, F값은 $F_{0.05,18,30}$을 가지고 F분포표에서 찾을수 있다. 그리고 엑셀에서 FINV(0.05,18,30)를 사용하여 구할 수도 있다. FINV(0.05,18,30)을 사용하여 엑셀에서 F값을 구하면 1.9601임을 알 수 있다. F 검정에서 는 F 통계량 값이 $F_{0.05,18,30}$값보다 크면 교호작용이 유의하다고 판단하고, F 통계량 값이 $F_{0.05,18,30}$ 값보다 작으면 교호작용이 유의하지 않다고 판단하여 교호작용을 측정기기에 합산하는 풀링을 하게 된다.

표 3-18에서 계산된 측정자와 측정부품의 교호작용의 F 통계량은 1.189로 1.9601보다 작은 값이므로 교호작용이 유의하지 않다. 교호 작용이 유의한 것으로 결정되면, 이때의 Gage R&R 연구는 표 3-18 를 사용하여 수행하면 된다.

풀링은 교호작용을 측정기기항에 풀링하게 된다. 풀링 시, 교호작 용의 제곱합을 측정기기의 제곱합에 더해주고, 풀링된 자유도는 $nkr - n - k + 1$로 교호작용의 자유도와 측정기기의 자유도를 합한 값이 된다.

$$SS_{pooling} = SS_{AB} + SS_e$$

$$자유도_{pooling} = 교호작용의 자유도 + 측정기기의 자유도$$

풀링을 실시한 후의 ANOVA 분석 결과는 표 3-19와 같다.

표 3-19 풀링 후의 ANOVA 분석 결과

변동의 요인	자유도(df)	제곱합(SS)	평균제곱(MS)	F
측정자	2	0.000037	0.0000186	9.93
측정부품	9	0.020586	0.0022874	1220.54
측정자와 측정 부품의 교호작용	0	0	-	-
측정기기(풀링)	48	0.000090	0.0000019	
합계	59	0.020739	0.0003515	

교호작용이 유의미하지 않은 경우에는 표 3-19의 풀링 후의 ANOVA 분석 결과로 Gage R&R을 수행하게 된다. 이 때, Gage R&R 분석에 사용되는 표 3-17 분산 요소의 추정 방법 또한 풀링을 반영하여 수정 되어야 한다. 수정된 분산 요소의 추정식은 표 3-20과 같다.

표 3-20 풀링 후 분산 요소의 추정

τ^2	측정기기 변동의 분산 추정값	$\tau^2 = MS_{pooling}$
γ^2	교호작용의 분산 추정값	-
ω^2	측정자 변동의 분산 추정값	$\omega^2 = \dfrac{MS_B - MS_{pooling}}{nr}$
σ^2	부품 변동의 분산 추정값	$\sigma^2 = \dfrac{MS_A - MS_{pooling}}{kr}$

표 3-19를 사용하여 Gage R&R 연구를 수행한 결과는 표 3-21과
같다.

표 3-21 ANOVA GRR 연구 결과

추정된 분산	표준편차(σ)	% 총 변동	% 기여도
측정기(τ^2) =0.000019	EV=0.001378	7.0%	0.47%
측정자(ω^2) =0.000000835	AV=0.000914	4.7%	0.2%
교호작용(γ^2)	교호작용=0	0	0
$GRR(\tau^2+\omega^2+\gamma^2)$ =0.000002735	GRR=0.001654	8.4%	0.7%
부품(σ^2) =0.00038092	PV=0.01952	99.6%	94.4%
총변동	TV=0.01959	100.0%	100.0%
변별범주(ndc)	$16.6400 \cong 16$		

표 3-21에서

$$\% \ \text{총 변동} = 100\left(\frac{\sigma_{요소}}{\sigma_{총변동}}\right)$$

$$\%기여도 = 100\left(\frac{\sigma^2_{요소}}{\sigma^2_{총변동}}\right)$$

$$변별범주 \ ndc = 1.41\left(\frac{PV}{GRR}\right)$$

$$총 \ 변동 \ TV = \sqrt{GRR^2 + PV^2}$$

를 사용하여 얻어진다.

ANOVA Gage R&R의 판정 기준은 아래 표를 따른다.

표 3-22 ANOVA GRR 판정 기준

%총변동	%기여도	판정
10% 미만	1% 미만	측정기기 관리가 잘 되어 있는 편임.
10% 이상 30% 미만	1% 이상 9% 미만	측정기기의 수리비용, 측정오차의 심각성 등을 고려하여 조치 여부를 결정함.
30% 미만	9% 이상	측정기기 관리가 미흡하여, 반드시 측정기기 오차의 원인을 규명하여 제거해야 함.

표 3-21의 ANOVA GRR 연구 결과를 근거로 분석된 Gage R&R을 살펴보면, EV, AV 그리고 GRR 모두에서 측정시스템이 적합한 것으로 나타나고 있다.

평균범위법과 ANOVA법의 Gage R&R 결과를 비교해보면 표 3-23
과 같음을 알 수 있다.

표 3-23 평균범위법과 ANOVA법의 GRR 비교

항목	평균범위법	ANOVA법	항목	평균범위법	ANOVA법
EV	0.001187	0.001378	$\%EV$	6.5%	7.0%
AV	0.000958	0.000914	$\%AV$	5.2%	4.7%
GRR	0.001525	0.00165	$\%GRR$	8.3%	8.4%
PV	0.018227	0.01952	$\%PV$	99.65%	99.6%
TV	0.01831	0.01959	ndc	16.871 $\cong$ 16	16.680 $\cong$ 16

표 3-23에서 보는 것과 같이, Gage R&R 연구 결과는 평균범위법
과 ANOVA법이 유사한 결과를 보이는 것으로 나타났으나, ANOVA
법이 더 정확한 방법이다.

참고로 ndc를 보면 ANOVA법이 평균 범위법에 비해서 0.2 정도
작게 나타남을 볼 수 있다. ndc는 소수점 이하를 버린 정수값을 쓰기
때문에 평균범위법에서 ndc가 17.1 정도의 값을 나타내면, 이는
ANOVA법에서는 16.9 정도로 ndc는 16으로 평균범위법과 비교하여
1이 차이가 남을 알 수 있다. 이는 ndc가 평균범위법에서 5.2 이하의

값을 갖게 된다면, 두 방법 간에 매우 유의미한 차이를 가지게 되는 것임을 알 수 있다.

ANOVA법을 통해서 살펴보았듯이, EV와 AV값들이 표준편차를 의미함을 알 수 있다. 그렇기 때문에 EV는 측정기 반복성의 표준편차 그리고 AV는 측정자 재현성의 표준편차가 됨을 알 수 있다. 결과적으로 Gage R&R은 측정기와 측정자의 표준편차를 바탕으로 산출되는 것이다. 이와 같이 분산과 표준편차의 개념을 정확히 이해하고 사용한다면 생산현장에서 적용되는 측정시스템 분석에 대해 더욱 이해를 높일 수 있음을 알 수 있다.

2) 계량치 데이터에 대한 Gage R&R 분석 — 비반복 특성

지금까지는 표본 부품에 대해서 반복적인 측정이 가능한 부품에 대한 Gage R&R을 살펴보았다. 본 장에서는, 표본 부품에 대해서 반복 측정이 불가능한 부품에 대한 Gage R&R을 살펴보도록 한다.

비반복적인 특성을 갖는 측정 항목의 예로는 인장 강도와 같은 것이 있을 수 있다. 인장 강도의 경우, 측정을 하게 되면 표본 부품이 파괴되어 반복 측정을 할 수 없게 된다.

이와 같은 비반복 특성의 경우, 표본 부품의 수집 및 할당에 주의를 기울여야 한다. 여기에서는 측정자 세 명인 경우의 표본 부품의 수집에 대해서 살펴보도록 한다.

표본 부품은 5개의 배치(batch)로부터 6개씩 취한다. 여기에서, 각 배치(batch) 내에서 취해진 표본 부품은 동등한 특성을 가져야 한다. 그리고 각각의 배치(batch)는 표본 부품의 규격 범위에 걸쳐서 충분한 너비를 가지고 분포 되어야 한다. 이렇게 취해진 부품에 대해서 배치(batch)별 각 2개의 부품을 한 명의 측정자에게 랜덤하게 할당한다. 이와 같은 표본 부품의 할당 과정을 그림으로 표현해보면 그림 3-6과 같다.

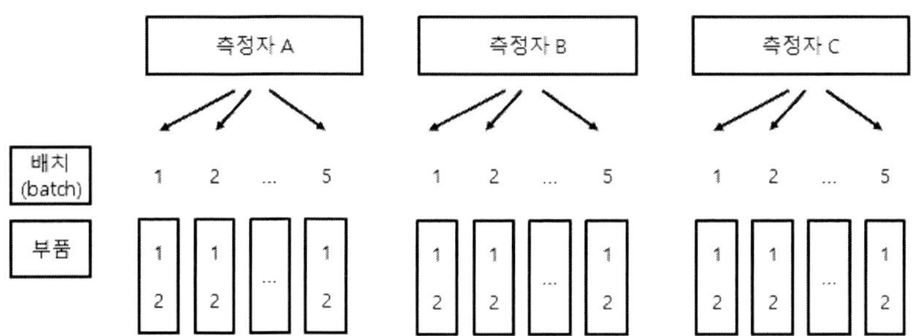

그림 3-7 비반복 특성을 갖는 부품의 GRR을 위한 표본 부품의 획득 및 할당

그림 3-7의 과정을 거쳐서 취해진 부품은 표 3-24와 같다.

표 3-24 비반복 특성의 Gage R&R 연구를 위한 데이터

배치 (batch)	측정자	표본 부품	할당	결과	배치 (batch)	측정자	표본 부품	할당	결과
1	A	1	x_{111}	33.4	3	B	2	x_{322}	34.9
1	A	2	x_{112}	33.2	4	B	1	x_{421}	32.9
2	A	1	x_{211}	32.4	4	B	2	x_{422}	33.1
2	A	2	x_{212}	32.6	5	B	1	x_{521}	34.9
3	A	1	x_{311}	34.4	5	B	2	x_{522}	34.9
3	A	2	x_{312}	34.5	1	C	1	x_{131}	32.6
4	A	1	x_{411}	33.9	1	C	2	x_{132}	32.7
4	A	2	x_{412}	34.1	2	C	1	x_{231}	32.3
5	A	1	x_{511}	34.6	2	C	2	x_{232}	32.1
5	A	2	x_{512}	34.7	3	C	1	x_{331}	34.9
1	B	1	x_{121}	32.5	3	C	2	x_{332}	34.7
1	B	2	x_{122}	32.3	4	C	1	x_{431}	33.2
2	B	1	x_{221}	32.1	4	C	2	x_{432}	33.2
2	B	2	x_{222}	32.3	5	C	1	x_{531}	31.1
3	B	1	x_{321}	35.1	5	C	2	x_{532}	30.9

x_{ijm}　i=배치(표본 부품 수: 1~n), j=측정자(1~k), m=반복 수(1~r)

표본 부품 (배치)	측정 A			측정 B		
1	x_{111}	33.4	$\overline{x}[AB]_{11}$=33.30	x_{121}	32.5	$\overline{x}[AB]_{12}$=32.40
	x_{112}	33.2		x_{122}	32.3	
2	x_{211}	32.4	$\overline{x}[AB]_{21}$=32.50	x_{221}	32.1	$\overline{x}[AB]_{22}$=32.20
	x_{212}	32.6		x_{222}	32.3	
3	x_{311}	34.4	$\overline{x}[AB]_{31}$=34.45	x_{321}	35.1	$\overline{x}[AB]_{32}$=35.00
	x_{312}	34.5		x_{322}	34.9	
4	x_{411}	33.9	$\overline{x}[AB]_{41}$=34.00	x_{421}	32.9	$\overline{x}[AB]_{42}$=33.00
	x_{412}	34.1		x_{422}	33.1	
5	x_{511}	34.6	$\overline{x}[AB]_{51}$=34.65	x_{521}	34.9	$\overline{x}[AB]_{52}$=34.90
	x_{512}	34.7		x_{522}	34.9	
$\overline{x}[B]_j$	$\overline{x}[B]_1$=33.78			$\overline{x}[B]_2$=33.50		

연구를 위한 데이터 정리

생산현장에서 적용하는 측정시스템 분석

C			$\overline{x}[A]_i$
x_{131}	32.6	$\overline{x}[AB]_{13}$=32.65	$\overline{x}[A]_1=$ 32.78
x_{132}	32.7		
x_{231}	32.3	$\overline{x}[AB]_{23}$=32.20	$\overline{x}[A]_2=$ 32.30
x_{232}	32.1		
x_{331}	34.9	$\overline{x}[AB]_{33}$=34.80	$\overline{x}[A]_3=$ 34.75
x_{332}	34.7		
x_{431}	33.2	$\overline{x}[AB]_{43}$=33.20	$\overline{x}[A]_4=$ 33.40
x_{432}	33.2		
x_{531}	31.1	$\overline{x}[AB]_{53}$=31.00	$\overline{x}[A]_5=$ 33.52
x_{532}	30.9		
$\overline{x}[B]_3$=32.77			$\overline{\overline{x}}$=33.35

 생산현장에서 적용하는 측정시스템 분석

Gage R&R 연구를 진행하기 위해서는 분산 분석을 수행해야 하는데, 분산 분석을 좀 더 수월하게 수행하기 위해 표 3-25와 같이 데이터를 정리했다.

표 3-25는 부품 표본(배치)을 세로축 그리고 측정자를 가로축으로 하여 데이터를 정리한 것으로, $\overline{x}[AB]_{ij}$는 부품 표본과 측정자를 기준으로 측정한 데이터를 평균한 값이고, $\overline{x}[A]_i$는 각 부품 표본을 기준으로 측정자별로 측정한 데이터를 평균한 값이다. 그리고 $\overline{x}[B]_j$는 각 측정자를 기준으로 측정한 부품 표본별 측정값들을 평균한 값이다. 이들 데이터는 분산 분석을 실시할 때, 제곱합을 계산하기 위해 사용된다. 표 3-25의 데이터로 분산 분석을 실시한 결과는 표 3-26과 같다.

표 3-26 비반복 특성의 분산 분석 결과

변동의 요인	자유도(df)	제곱합(SS)	평균제곱(MS)
측정자	2	5.4380	2.71900
표본 부품 (측정자)	12	36.5220	3.04350
측정기기(반복성)	15	0.2120	0.01433
합계	29	42.1750	-

표 3-26의 분산 분석 결과는 다음의 식을 사용하여 계산된다.

표 3-27 비반복 특성의 분산 분석 계산식

변동의 요인	자유도 (df)	제곱합(SS)	평균제곱 (MS)
측정자	$k-1$	$SS_{B(측정자)}$	$MS_B = \dfrac{SS_B}{k-1}$
표본 부품 (측정자)	$k(n-1)$	$SS_{A(측정부품)} +$ $SS_{AB(측정부품 \times 측정자)}$	$MS_{A+AB} = \dfrac{SS_A + SS_{AB}}{k(n-1)}$
측정기기	$nk(r-1)$	SS_e	$MS_e = \dfrac{SS_e}{nk(r-1)}$
합계	$nkr-1$	TSS	

표본 부품 수: n, 측정자 수: k, 반복 수: r

표 3-27에서 제곱합은 아래와 같이 계산된다.

① 제곱합의 총 합계 TSS

$$TSS = \sum_{i=1}^{n} \sum_{j=1}^{k} \sum_{m=1}^{r} (x_{ijk} - \overline{\overline{x}})^2$$

표 3-25를 사용하여 위의 방법으로 TSS를 계산하면 42.1750이 된다.

$$TSS = (x_{111} - \overline{\overline{x}})^2 + (x_{112} - \overline{\overline{x}})^2 + \dots + (x_{532} - \overline{\overline{x}})^2$$

$$= (33.4 - 33.35)^2 + (33.2 - 33.35)^2 + \dots + (30.0 - 33.35)^2$$

$$= 42.1750$$

② 측정자의 제곱합 SS_B

$$SS_B = nr \sum_{j=1}^{k} (\overline{x}[B]_j - \overline{\overline{x}})^2$$

표 3-25를 사용하여 위의 방법으로 SS_B를 계산하면 5.4380이 된다.

$$SS_B = 10 \times [(\overline{x}[B]_1 - \overline{\overline{x}})^2 + (\overline{x}[B]_2 - \overline{\overline{x}})^2 + (\overline{x}[B]_3 - \overline{\overline{x}})^2]$$

$$= 10 \times [(33.78 - 33.35)^2 + (33.50 - 33.35)^2 + (32.77 - 33.35)^2]$$

$$= 5.4380$$

③ 표본 부품(측정자)의 제곱합 $SS_A + SS_{AB}$

$$SS_A = kr \sum_{i=1}^{n} (\overline{x}[A]_i - \overline{\overline{x}})^2$$

표 3-25를 사용하여 위의 방법으로 SS_A를 계산하면 20.4833이 된다.

$$SS_A = 6 \times [(\overline{x}[A]_1 - \overline{\overline{x}})^2 + (\overline{x}[A]_2 - \overline{\overline{x}})^2 + ... + (\overline{x}[A]_5 - \overline{\overline{x}})^2]$$

$$= 6 \times [(32.78 - 33.35)^2 + (32.30 - 33.35)^2 + ... + (33.52 - 33.35)^2]$$

$$= 20.4833$$

$$SS_{AB} = r \sum_{i=1}^{n} \sum_{j=1}^{k} (\overline{x}[AB]_{ij} - \overline{x}[A]_i - \overline{x}[B]_j + \overline{\overline{x}})^2$$

표 3-25를 사용하여 위의 방법으로 SS_{AB}를 계산하면 16.0387이 된다.

$$SS_{AB} = 2 \times [(\overline{x}[AB]_{11} - \overline{x}[A]_1 - \overline{x}[B]_1 + \overline{\overline{x}})^2 + \ldots$$
$$+ (\overline{x}[AB]_{53} - \overline{x}[A]_5 - \overline{x}[B]_3 + \overline{\overline{x}})^2]$$

$$= 2 \times [(33.30 - 32.78 - 33.78 + 33.35)^2 + \ldots$$
$$+ (31.00 - 33.52 - 32.77 + 33.35)^2]$$

$$= 16.0387$$

표본 부품(측정자)의 제곱합은 SS_A와 SS_{AB}를 더하면 $SS_A + SS_{AB}$ =20.4833+16.0386=36.5220이 됨을 알 수 있다.

④ 측정기기의 제곱합 SS_e

Gage R&R은 한 개의 측정기기를 사용하는 것이므로, 분산 분석에서의 오차 제곱합 SS_e가 측정기의 제곱합이 된다.

$$SS_e = \sum_{i=1}^{n} \sum_{j=1}^{k} \sum_{m=1}^{r} (x_{ijk} - \overline{x}[AB]_{ij})^2$$

표 3-25를 사용하여 위의 방법으로 SS_e를 계산하면 0.2150이 된다.

$$SS_e = (x_{111} - \overline{x}[AB]_{11})^2 + (x_{112} - \overline{x}[AB]_{11})^2 + (x_{211} - \overline{x}[AB]_{11})^2 + \ldots$$
$$+ (x_{532} - \overline{x}[AB]_{53})^2$$

$$= (33.4 - 33.30)^2 + (33.2 - 33.30)^2 + (32.4 - 32.50)^2 + \ldots$$
$$+ (30.9 - (31.00))^2$$

$$= 0.2150$$

표 3-27 분산 분석 계산 방법과 제곱합 계산 방법을 사용하여 분산 분석을 실시한 것이 표 3-26의 비반복 특성의 분산 분석 결과이다.

비반복 특성을 갖는 부품의 Gage R&R 연구를 계속 진행하기 위해서 아래 표 3-28의 비반복 특성의 분산 요소 추정 방법이 사용된다.

표 3-28 비반복 특성의 분산 요소의 추정

τ^2	측정기기 변동의 분산 추정값	$\tau^2 = MS_e$
ω^2	측정자 변동의 분산 추정값	$\omega^2 = \dfrac{MS_B - MS_{A+AB}}{nr}$
σ^2	부품 변동의 분산 추정값	$\sigma^2 = \dfrac{MS_{A+AB} - MS_e}{r}$

표 3-28의 비반복 특성의 분산 요소의 추정과 표 3-26 비반복 특성의 분산 분석 결과를 이용하면 표 3-29와 같은 비반복 특성의 Gage

R&R을 얻을 수 있다.

표 3-29 비반복 특성의 GRR 연구 결과

추정된 분산	표준편차(σ)	% 총 변동	% 기여도
측정기(τ^2)=0.01433	EV=0.1197	9.7%	0.9%
측정자(ω^2)=0	AV=0	0	0
$GRR(\tau^2+\omega^2)=$ 0.01433	GRR=0.01197	9.7%	0.9%
부품(σ^2)=1.51458	PV=1.2307	99.5%	99.1%
총변동	TV=1.2365	100.0%	100.0%
변별범주(ndc)	14.4941 $\cong$ 14		

표 3-29에서

$$\%\ \text{총 변동} = 100\left(\frac{\sigma_{요소}}{\sigma_{총변동}}\right)$$

$$\%기여도 = 100\left(\frac{\sigma^2_{요소}}{\sigma^2_{총변동}}\right)$$

$$\text{변별범주}\ ndc = 1.41\left(\frac{PV}{GRR}\right)$$

$$\text{총 변동 } TV = \sqrt{GRR^2 + PV^2}$$

를 사용하여 얻어진다.

표 3-29의 표에서 ω^2은 분자에서 $MS_B - MS_{A+AB}$로 계산된다. 이와 관련하여 표 3-26 비반복 특성의 분산 분석 결과를 보면 $MS_{B(측정자)}$는 2.71900이고 MS_{A+AB}는 3.04350으로 분자가 음의 값을 가짐을 알 수 있다. ω^2은 음의 값을 가질 수가 없기 때문에 측정자에 대해 추정된 분산이 zero(0)이 된다.

비반복 특성의 Gage R&R의 판정 기준은 표 3-30을 따른다.

표 3-30 비반복 특성의 GRR 판정 기준

% 총변동	% 기여도	판정
10% 미만	1% 미만	측정기기 관리가 잘 되어 있는 편임.
10% 이상 30% 미만	1% 이상 9% 미만	측정기기의 수리비용, 측정오차의 심각성 등을 고려하여 조치 여부를 결정함.
30% 미만	9% 이상	측정기기 관리가 미흡하여, 반드시 측정기기 오차의 원인을 규명하여 제거해야 함.

　표 3-30의 비반복 특성의 *GRR* 판정 기준을 근거로 분석된 Gage R&R을 살펴보면, *EV*와 *GRR* 모두에서 측정기기가 잘 관리되고 있으며, *ndc* 또한 14로 5를 초과하여, 변별범주가 매우 좋은 것으로 판단되고 있다.

　이상에서는 계량치 특성에 대한 측정시스템 분석을 살펴보았다. 다음 장에서는 제품의 특성이 연속된 값을 갖지 않는 계수치 특성에 대한 측정시스템 분석에 대해서 살펴보도록 한다.

4장

계수치 데이터에 대한 측정시스템 분석

계량치 데이터는 측정결과가 값으로 표현이 되고, 많은 경우에서 반복적으로 측정할 수 있기 때문에 통계적 지식을 활용하여 작은 부품으로도 측정시스템 분석을 실시할 수 있다. 그러나 계수치 데이터의 경우 합격 또는 불합격으로 판정되어 측정데이터를 계량화하기 어렵기 때문에 통계적 지식과의 연계성을 확보하여 분석을 수행하기 어렵다. 그렇기 때문에, 계수치 데이터에 대한 측정시스템 분석에는 더 많은 표본 부품 수가 필요하고, 측정시스템 분석을 수행하는 데에 있어서 더 많은 노력이 요구된다.

이 장에서는 계수치 데이터의 측정시스템 분석과 관련하여 간이평가법과 신호탐지접근방법 그리고 가설 검정 방법에 대해서 알아보고자 한다.

① 계수치 데이터에 대한 Gage R&R — 간이평가법

간이평가법은 외관 검사 등과 같이 표본 부품을 계량화하는 것이 불가능할 때 사용된다. 간이평가법은 기준을 알고 있는 부품에 대해 여러 명의 측정자가 반복 검사를 했을 때, 모든 검사 결과가 기준에 부합하는지를 확인하는 방법이다. 이 방법에서는 모든 측정자가 기준과 동일하게 판정을 해야 수용되는 것으로, 한명이라도 특정 부품에 대해서 기준과 다르게 판정했다면 측정시스템은 수용되어서는 안 되는 것으로 판정하게 된다.

간이평가법을 사용하기 위해서는 표본 부품이 제조 현장의 전문가에 의해서 합격/불합격 제품으로 구분된 부품에 대해서 실제 측정자가 평가를 하는 것이다. 그렇기 때문에 실제 측정자 또한 해당 부품을 검사하는 데 충분한 경험을 가지고 있어야 간이평가법의 신뢰성을 확인할 수 있다.

간이평가법의 수행 절차는 아래와 같다.

1) 제조 현장의 전문가에 의해서 합격/불합격이 판정된 표본 부품 30개를 취한다. 이때, 불합격 부품이 표본 부품의 25% 이상이 되어야 한다. 30개를 표본 부품으로 선정했으므로, 그중 최소 8개의 제품은 불합격 제품이어야 한다.

2) 세 명의 측정자가 랜덤하게 30개의 표본 부품을 2회씩 반복 측정한다.

3) 측정결과를 기록하고, 표본 부품의 기준과 달리 판정된 부품이 있는지 확인한다. 모든 측정자가 반복 측정 동안에 표본 부품의 기준과 동일하게 판정해야, 측정시스템은 수용 가능한 것으로 판정된다.

 생산현장에서 적용하는 측정시스템 분석

표 4-1 계수치 Gage R&R — 간이평가법

표본 부품	기준	측정자 A		측정자 B		측정자 C		일치성 평가
		1차 평가	2차 평가	1차 평가	2차 평가	1차 평가	2차 평가	
1	OK	OK	OK	OK	OK	OK	OK	Y
2	OK	OK	OK	OK	OK	OK	OK	Y
3	OK	OK	OK	OK	OK	OK	OK	Y
4	OK	OK	OK	OK	OK	OK	OK	Y
5	OK	OK	OK	OK	OK	OK	OK	Y
6	NOK	NOK	NOK	NOK	NOK	NOK	NOK	Y
7	NOK	NOK	NOK	NOK	NOK	NOK	NOK	Y
8	OK	OK	OK	OK	OK	OK	OK	Y
9	OK	OK	OK	OK	OK	OK	OK	Y
10	NOK	NOK	NOK	NOK	NOK	NOK	NOK	Y
11	OK	OK	OK	OK	OK	OK	OK	Y
12	OK	OK	OK	OK	OK	OK	OK	Y
13	OK	OK	OK	OK	OK	OK	OK	Y
14	OK	OK	OK	OK	OK	OK	OK	Y
15	OK	OK	OK	OK	OK	OK	OK	Y
16	OK	OK	OK	OK	OK	OK	OK	Y
17	OK	OK	OK	OK	OK	OK	OK	Y
18	NOK	NOK	NOK	NOK	NOK	NOK	NOK	Y
19	NOK	NOK	NOK	NOK	NOK	NOK	NOK	Y

20	NOK	NOK	NOK	NOK	NOK	NOK	NOK	Y
21	OK	OK	OK	OK	OK	OK	OK	Y
22	OK	OK	OK	OK	OK	OK	OK	Y
23	OK	OK	OK	OK	OK	OK	OK	Y
24	OK	OK	OK	OK	OK	OK	OK	Y
25	OK	OK	OK	OK	OK	OK	OK	Y
26	NOK	NOK	NOK	NOK	NOK	NOK	NOK	Y
27	OK	OK	OK	OK	OK	OK	OK	Y
28	OK	OK	OK	OK	OK	OK	OK	Y
29	NOK	NOK	NOK	NOK	NOK	NOK	NOK	Y
30	OK	OK	OK	OK	OK	OK	OK	Y

외관 검사원에 대해 실시한 간이평가법의 예는 표 4-1과 같다.

표 3-1의 외관 검사원에 대한 계수치 Gage R&R 간이평가법 결과, 모든 검사원이 기준과 동일하게 판정했으므로 측정시스템은 양호한 것으로 판정한다. 한 명이라도 기준과 다르게 판정한 경우에는 측정시스템이 양호하지 않은 것으로 판정한다.

제조 현장에서는 부품의 내경, 나사산을 갖는 부품의 내경 또는 특
정 형상의 곡률을 갖는 부품에 대해 Go/No-Go 측정기기를 가지고
합격과 불합격 판정을 하는 분야도 있다. 이와 같은 경우는 부품을
계량치 데이터로 특성화할 수 있는데도 측정의 효율성을 향상시키기
위해서 Go/No Go 측정기기로 측정을 실시하는 경우이다. 이와 같
은 측정 방식에서 규격의 경계 부근은 측정자에 따라서 때로는 합격
판정이 되고 또 때로는 불합격 판정이 될 수 있을 것이다. 신호탐지
접근 방법은 이러한 측정시스템에 대해 Gage R&R을 수행하는 방법
으로, 경계부품의 거리와 부품의 공차를 사용하여 GRR값을 산출하
는 방법이다.

신호탐지접근방법에 대한 예로는 AIAG MSA에서 제시된 데이터
를 사용하도록 한다. 신호탐지접근 방법을 수행하여 수집된 데이터
는 표 4-2와 같다.

표 4-2의 데이터 시트는 규격 공차가 0.1(규격 상한: 0.55, 규격 하
한: 0.45)인 부품에 대해 50개의 부품을 취하여 기준값을 산출하고
해당 기준값별로 규격 적합품은 1 그리고 규격 부적합품은 0으로 기
준을 부여했다. 그 후 기준이 부여된 부품에 대해서, 각 측정자가

Go/No Go 게이지를 사용하여 측정을 수행한 것이다.

코드는 규격 적합품에 대해서, 각 측정자가 동일하게 규격 적합품으로 판정한 부품에 대해서는 +코드를 부여하고, 규격 부적합품에 대해 각 측정자가 동일하게 규격 부적합품으로 판정한 부품에 대해서는 −코드를 부여했다. 그리고 기준값과 비교하여 측정자들 간에 서로 판정이 상이한 부품에 대해서는 X코드를 부여했다. 그 후, 기준값이 높은 부품부터 낮은 부품으로 순서대로 정리한 것이 표 4-2의 데이터 시트이다.

표 4-2 신호탐지접근방법을 위한 데이터 시트

부품 번호	기준값	기준	측정자 A			측정자 B			측정자 C			코드
			1차 측정	2차 측정	3차 측정	1차 측정	2차 측정	3차 측정	1차 측정	2차 측정	3차 측정	
1	0.599581	0	0	0	0	0	0	0	0	0	0	-
2	0.587893	0	0	0	0	0	0	0	0	0	0	-
3	0.576459	0	0	0	0	0	0	0	0	0	0	-
4	0.570360	0	0	0	0	0	0	0	0	0	0	-
5	0.566575	0	0	0	0	0	0	0	0	0	0	-
6	0.566152	0	0	0	0	0	0	0	0	0	0	-
7	0.561457	0	0	0	0	0	0	1	0	0	0	X
8	0.559918	0	0	0	0	0	0	0	0	1	0	X

9	0.547204	0	0	1	0	0	0	0	0	0	1	X
10	0.545604	0	0	0	1	0	1	0	1	1	0	X
11	0.544951	1	1	1	0	1	1	0	1	0	0	X
12	0.543077	1	1	1	0	1	1	1	1	0	1	X
13	0.542704	1	1	1	1	1	1	1	1	1	1	+
14	0.531939	1	1	1	1	1	1	1	1	1	1	+
15	0.529065	1	1	1	1	1	1	1	1	1	1	+
16	0.523754	1	1	1	1	1	1	1	1	1	1	+
17	0.521642	1	1	1	1	1	1	1	1	1	1	+
18	0.520496	1	1	1	1	1	1	1	1	1	1	+
19	0.519694	1	1	1	1	1	1	1	1	1	1	+
20	0.517377	1	1	1	1	1	1	1	1	1	1	+
21	0.515573	1	1	1	1	1	1	1	1	1	1	+
22	0.514192	1	1	1	1	1	1	1	1	1	1	+
23	0.513779	1	1	1	1	1	1	1	1	1	1	+
24	0.509015	1	1	1	1	1	1	1	1	1	1	+
25	0.505850	1	1	1	1	1	1	1	1	1	1	+
26	0.503091	1	1	1	1	1	1	1	1	1	1	+
27	0.502436	1	1	1	1	1	1	1	1	1	1	+
28	0.502295	1	1	1	1	1	1	1	1	1	1	+
29	0.501132	1	1	1	1	1	1	1	1	1	1	+
30	0.498698	1	1	1	1	1	1	1	1	1	1	+

31	0.493441	1	1	1	1	1	1	1	1	1	1	+
32	0.488905	1	1	1	1	1	1	1	1	1	1	+
33	0.488184	1	1	1	1	1	1	1	1	1	1	+
34	0.487613	1	1	1	1	1	1	1	1	1	1	+
35	0.486379	1	1	1	1	1	1	1	1	1	1	+
36	0.484167	1	1	1	1	1	1	1	1	1	1	+
37	0.483803	1	1	1	1	1	1	1	1	1	1	+
38	0.477236	1	1	1	1	1	1	1	1	1	1	+
39	0.476901	1	1	1	1	1	1	1	1	1	1	+
40	0.470832	1	1	1	1	1	1	1	1	1	1	+
41	0.465454	1	1	1	1	1	1	1	1	0	1	X
42	0.462410	1	1	0	1	1	1	1	1	1	0	X
43	0.454518	1	1	1	0	1	1	1	1	0	0	X
44	0.452310	1	1	1	0	1	0	1	0	1	0	X
45	0.449696	0	0	0	1	0	0	1	0	1	1	X
46	0.446697	0	0	0	0	0	0	0	0	0	0	-
47	0.437817	0	0	0	0	0	0	0	0	0	0	-
48	0.427687	0	0	0	0	0	0	0	0	0	0	-
49	0.412453	0	0	0	0	0	0	0	0	0	0	-
50	0.409238	0	0	0	0	0	0	0	0	0	0	-

 생산현장에서 적용하는 측정시스템 분석

표 4-2의 데이터 중에서 관심이 있는 것은 측정자들 간의 측정에
있어서 서로 판정이 일치하지 않은 규격의 경계 부근에 있는 부품이
다. 규격 경계 부근에서 측정자들 간에 서로 판정이 일치하지 않은
부품의 데이터를 따로 떼어보면 그림 4-1과 같다.

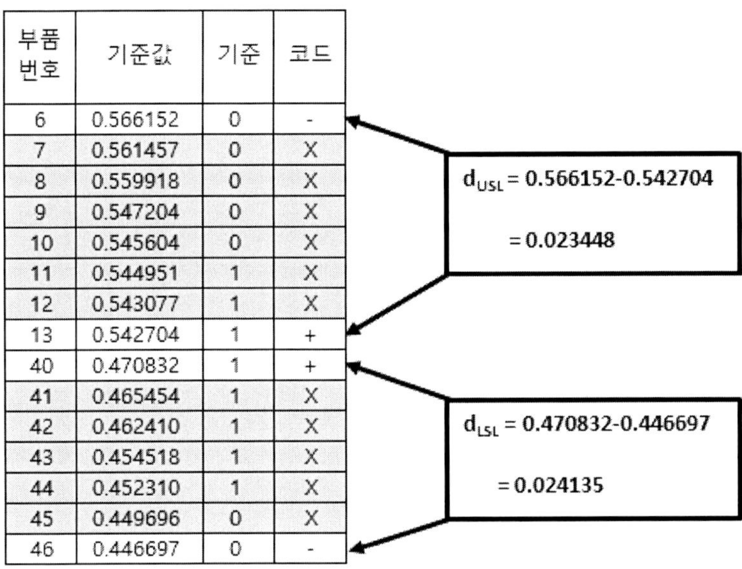

부품 번호	기준값	기준	코드
6	0.566152	0	-
7	0.561457	0	X
8	0.559918	0	X
9	0.547204	0	X
10	0.545604	0	X
11	0.544951	1	X
12	0.543077	1	X
13	0.542704	1	+
40	0.470832	1	+
41	0.465454	1	X
42	0.462410	1	X
43	0.454518	1	X
44	0.452310	1	X
45	0.449696	0	X
46	0.446697	0	-

그림 4-1 계수치 Gage R&R — 신호탐지접근방법을 위한 경계 부근의 데이터

그림 4-1에서 규격 상한의 경계 데이터에 대해서, 측정자가 동일하
게 부적합품으로 판정한 상한의 규격 부적합 범위의 가장 낮은 값
(0.566152)에서 측정자가 동일하게 적합품으로 판정한 규격 적합범

위의 가장 높은 값(0.547204)을 뺀 값이 d_{USL}이다. d_{USL}는 상한 경계
구역의 거리로, 본 예에서 d_{USL}는 0.023448이 된다.

그리고 측정자가 동일하게 적합품으로 판정한 규격 적합범위의 가
장 낮은 값(0.470832)에서 측정자가 동일하게 부적합품으로 판정한
하한의 규격 부적합 범위의 가장 높은 값(0.446697)을 뺀 값이 d_{LSL}
이다. d_{USL}은 하한 경계 구역의 거리로, 본 예에서 d_{USL}은 0.024135
가 된다.

신호탐지접근방법에 대한 연구를 계속 진행하기 위해서는 측정 불
확도에 대한 개념을 다시 되돌아 볼 필요가 있다. 확장 측정 불확도
$U = ku_c$(신뢰구간 95%에서 $k = 2$)로 정의된다. 이 확장 측정 불확도
는, 어떤 기준값에 대해서 측정한 값이 정상적인 경우에서도 $+U$와
$-U$만큼의 측정 오차를 가질 수 있다는 의미이다. 이는 그림 4-2와
같이 표현할 수 있다.

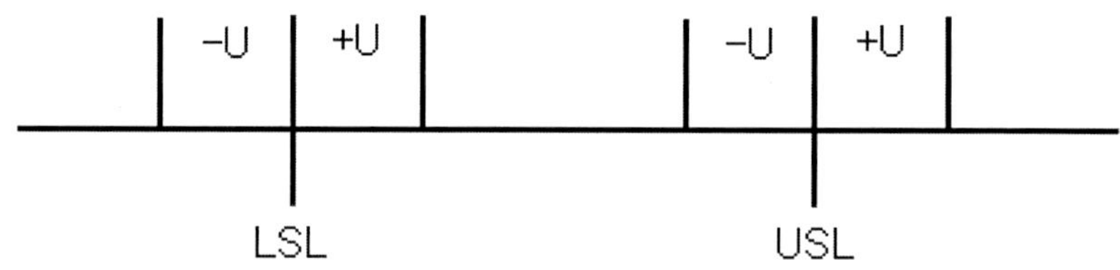

그림 4-2 측정 불확도의 그래프 표현

이는 그림 4-2와 같이 규격 상한과 하한에서, 각각 확장 측정 불확도에 의해서 오차 범위를 갖게 된다는 의미이다. 이 오차 범위는 측정 오차에 의해서 합격을 불합격으로 판정하기도 하고, 불합격을 합격으로 판정하기도 하는 경계 구역에 해당된다.

이를 바탕으로, 불확도와 신호탐지접근방법에서의 d_{USL}과 d_{LSL}을 대비시켜 보면 d_{USL}은 상한에서의 $2U$와 같고 d_{LSL}은 하한에서의 $2U$와 같음을 알 수 있다. 즉, d_{USL}과 d_{LSL}가 신호탐지접근방법에서의 불확도 수준을 의미하는 것이다. 여기에서 d_{USL}과 d_{LSL}의 평균값 d를 구해보면, d는 0.0237915가 된다.

$$d = \frac{d_{USL} + d_{LSL}}{2} = \frac{\text{상한}2U + \text{하한}2U}{2} = \frac{0.023448 + 0.024135}{2}$$

$$= 0.0237915$$

이 평균값 $d = 0.0237915$는 $2U$로 확장 측정 불확도를 2배 한 값임을 알 수 있다. 그렇기 때문에 신호탐지접근방법에서의 속성에 대한 불확도 $U_{속성}$은 d값을 다시 2로 나눈 값이 됨을 알 수 있다.

$$U_{속성} = \frac{d}{2} = \frac{0.0237915}{2} = 0.0118958$$

로, 확장 측정 불확도가 0.0118958과 같음을 알 수 있다.

이제, 측정시스템을 분석하는 또 다른 방법을 소개하겠다. 그 방법은 확장 측정 불확도와 공차를 사용하여 분석하는 방법이다. 그 계산식은 아래와 같다.

$$Q_{속성} = 100 \times \frac{2U}{규격공차}$$

이다.

본 예에서 공차는 0.1이고 U는 0.0118958이므로,

$$Q_{속성} = 100 \times \frac{2 \times 0.0119958}{0.1} = 23.8\%$$

가 된다.

$Q_{속성}$에 대해서 정해진 한계값은 없다. 생산현장에서는 이 방법이 계수치 데이터에 대한 것이고, 계량치 데이터에 대해서는 GRR 30% 이내인 경우, 수용 가능성을 결정해야 한다고 되어있는 것을 근거로 30%를 한계값으로 정할 수도 있으나, 이러한 한계값은 고객이 영향을 받는 경우에는 고객의 동의가 있어야 한다.

추가로 신호탐지접근방법에서 사용된 Q값은 계산 방법은 계량치 데이터에 대한 측정시스템 능력 평가에도 사용될 수 있다. 이와 관련한 내용은 VDA 5 'Capability of Measurement Process'에서 자세하게 설명되어 있다. 그 내용을 요약하자면, 계량치 특성은 $Q_{측정시스템}$과 $Q_{측정프로세스}$로 구분한다. $Q_{측정시스템}$은 측정시스템 분석에서 측정자에 의한 영향이 포함되지 않은 것이고, $Q_{측정프로세스}$는 측정시스템 분석에서 측정자에 의한 영향이 포함된 것이다. 각각의 계산식의 적용은 아래와 같다.

$$Q_{측정시스템} = 100 \times \frac{2U_{측정시스템}}{규격 공차}$$

$$Q_{측정프로세스} = 100 \times \frac{2U_{측정프로세스}}{규격공차}$$

계산식에서 보는 바와 같이, $Q_{측정시스템}$과 $Q_{측정프로세스}$에서의 차이점은 측정 불확도에 있음을 알 수 있다. $Q_{측정시스템}$은 측정자에 의한 영향이 반영되지 않은 상태에서 측정 불확도를 구하여 측정시스템 능력을 산출하는 방법이고, $Q_{측정프로세스}$은 측정자에 의한 영향을 반영하여 측정 불확도를 구한 후 측정시스템 능력을 산출하는 방법이다. 측정 불확도를 구할 때, 각각의 불확도 성분을 합산하기 때문에, 측정프로세스의 불확도가 측정시스템의 불확도보다 큼을 직관적으로 알 수 있다. 그렇기 때문에 $Q_{측정프로세스}$값이 $Q_{측정시스템}$값보다 크게 된다.

각각의 사용용도는 $Q_{측정시스템}$은 측정시스템의 사용 전 또는 자동 측정장비와 같이 측정자의 영향이 없는 부품에 대해서 측정시스템의 능력을 확인하기 위해 사용되고, $Q_{측정프로세스}$는 Gage R&R ANOVA 분석과 같이 측정자의 능력을 포함하여, 측정프로세스의 능력을 확인하기 위해 사용된다.

사용되는 한계값은 $Q_{측정시스템}$은 15% 그리고 $Q_{측정프로세스}$는 30%를 사용한다.

독일 산업에서는 측정시스템의 능력과 관련하여 C_g와 C_{gk}를 사용하기도 하는데, 이는 $Q_{측정시스템}$과 유사한 의미를 가지는 것이나, 결과값을 백분율이 아닌 공정능력지수와 같은 지수로 표현한다. 참고로 C_g와 C_{gk} 계산식을 소개하면 아래와 같다.

$$C_g = \frac{0.2 \times 규격공차}{4 \times s}, \qquad C_{gk} = \frac{0.1 \times 규격공차 - |편의|}{2 \times s}$$

계산식에서 보는 것과 같이, C_g와 C_{gk}에서는 표준편차를 사용한다. 표준편차는 반복된 측정데이터를 사용하여 구한 값이다. C_g값 1.33은 $Q_{측정시스템}$의 15%와 같다.

지금까지 신호탐지접근방법이 측정프로세스 능력인자인 Q를 사용하기 때문에, 측정시스템의 능력과 관련된 내용을 잠깐 살펴보았다.

측정프로세스의 능력은 독일의 산업 분야를 제외하고는 잘 사용하지 않기 때문에 상세한 연구 방법을 설명하지는 않았다.

③ 계수치 데이터에 대한 Gage R&R — 가설 검정 방법

가설 검정 방법은 '1. 간이평가법' 그리고 '2. 신호탐지접근방법'에서 사용된 데이터들에 모두 사용 가능하다. 즉, 외관검사와 같이 계량화할 수 없는 방법뿐만 아니라 Go/No Go 게이지와 같이 계량화할 수 있는 속성 모두에 사용이 가능하다는 장점이 있다. 외관 검사를 예로 들어서, 가설 검정 방법을 설명하도록 한다.

표 4-3 가설 검정 방법을 위한 데이터 시트

부품	기준		측정자 A			측정자 B			측정자 C		
			1차 측정	2차 측정	3차 측정	1차 측정	2차 측정	3차 측정	1차 측정	2차 측정	3차 측정
1	OK	1	OK	OK	OK	OK	OK	OK	OK	OK	OK
2	찍힘	0	찍힘	찍힘	찍힘	찍힘	찍힘	찍힘	찍힘	찍힘	찍힘
3	찍힘	0	찍힘	OK	찍힘	찍힘	찍힘	찍힘	찍힘	찍힘	찍힘
4	OK	1	OK	OK	OK	OK	OK	OK	OK	OK	OK
5	스크래치	0	스크래치	스크래치	스크래치	스크래치	스크래치	스크래치	스크래치	스크래치	스크래치
6	얼룩	0	얼룩	얼룩	얼룩	얼룩	OK	얼룩	얼룩	OK	얼룩
7	찍힘	0	찍힘	찍힘	찍힘	찍힘	찍힘	찍힘	찍힘	찍힘	OK
8	OK	1	OK	OK	OK	OK	OK	OK	OK	OK	OK
9	OK	1	OK	OK	OK	OK	OK	OK	OK	OK	OK
10	OK	1	OK	OK	OK	OK	OK	OK	OK	OK	OK
11	스크래치	0	스크래치	스크래치	스크래치	스크래치	스크래치	스크래치	스크래치	스크래치	스크래치
12	스크래치	0	스크래치	스크래치	스크래치	스크래치	스크래치	스크래치	스크래치	OK	스크래치
13	OK	1	OK	OK	OK	OK	OK	OK	OK	OK	OK
14	얼룩	0	얼룩	얼룩	얼룩	얼룩	얼룩	얼룩	얼룩	얼룩	얼룩
15	OK	1	OK	OK	OK	OK	OK	OK	OK	OK	OK
16	찍힘	0	찍힘	찍힘	찍힘	찍힘	찍힘	찍힘	찍힘	찍힘	찍힘

17	가공마크	0	가공마크	가공마크	가공마크	가공마크	가공마크	가공마크	가공마크	가공마크	가공마크
18	스크래치	0	스크래치	스크래치	OK	스크래치	스크래치	스크래치	스크래치	스크래치	스크래치
19	가공마크	0	가공마크	가공마크	가공마크	OK	가공마크	가공마크	가공마크	가공마크	가공마크
20	얼룩	0	얼룩	얼룩	얼룩	얼룩	얼룩	얼룩	얼룩	얼룩	얼룩
21	OK	1	OK	OK	OK	OK	OK	OK	OK	OK	OK
22	OK	1	OK	OK	OK	OK	OK	OK	OK	OK	OK
23	OK	1	OK	OK	OK	OK	OK	OK	OK	OK	OK
24	OK	1	OK	OK	OK	OK	OK	OK	OK	OK	OK
25	가공마크	0	가공마크	OK	가공마크	가공마크	가공마크	OK	가공마크	가공마크	가공마크
26	얼룩	0	얼룩	얼룩	얼룩	얼룩	얼룩	얼룩	얼룩	얼룩	얼룩
27	찍힘	0	찍힘	찍힘	찍힘	찍힘	찍힘	찍힘	찍힘	찍힘	찍힘
28	스크래치	0	스크래치	스크래치	스크래치	스크래치	스크래치	스크래치	스크래치	스크래치	스크래치
29	가공마크	0	가공마크	가공마크	가공마크	가공마크	가공마크	가공마크	OK	가공마크	가공마크
30	가공마크	0	가공마크	가공마크	가공마크	가공마크	가공마크	가공마크	가공마크	가공마크	가공마크

표 4-3은 외관 항목에 대해서 적합품, 찍힘, 스크래치, 얼룩, 가공마크로 기준을 부여한 부품에 대해 3명의 측정자가 3회 반복하여 외관 검사를 수행한 결과표이다. 가설 검정을 위해 적합품인 OK품에 대해서는 기준으로 1을 부여했고, 부적합품 찍힘, 스크래치, 얼룩 그리고 가공마크에 대해서는 0으로 기준을 부여했다.

가설을 검정하기 위해서는 우선 데이터를 요약해야 한다. 데이터의 요약은 각 쌍에 대해 실시한다. 예를 들면 측정자 A의 첫 번째 시행과 측정자 B의 첫 번째 시행에서 동일하게 적합품(1)로 평가한 부품을 세고, 다시, 측정자 A의 두 번째 시행과 측정자 B의 두 번째 시행에서 동일하게 적합품(1)로 평가한 부품을 세고, 마지막으로 측정자 A의 세 번째 시행과 측정자 B의 세 번째 시행에서 동일하게 적합품(1)로 평가한 부품을 세어서 모두 더하는 것이다. 이와 같은 방법을 거쳐서 측정자 A와 측정자 B에 대해서 요약한 데이터는 표 4-4와 같다.

표 4-4 측정자 A와 측정자 B의 데이터 요약

		측정자 B		계
		0	1	
측정자 A	0	51	3	54
	1	3	33	36
계		54	36	90

표 4-4의 데이터에서 측정자 A(0)와 측정자 B(0)의 데이터를 구한 과정을 다시 살펴보면,

측정자 A(0)+측정자 B(0) = 측정자 A첫 번째 평가(0)&측정자 B첫
번째 평가(0)
+ 측정자 A두 번째 평가(0)&측정자 B두
번째 평가(0)
+ 측정자 A세 번째 평가(0)&측정자 B세
번째 평가(0)
= 18+16+17=51

이 된다. 이와 같은 과정을 거쳐서 측정자 A(0)+측정자 B(1), 측정자 A(1) +측정자 B(0) 그리고 측정차 A(1)+측정자 B(1)을 산출한 것이 표 4-4이다.

이렇게 데이터를 요약했으면, 이제 데이터의 교차표를 만들어야 한다. 데이터 교차표는 각 데이터의 기댓값을 계산한 값을 추가한 것으로, 측정자 A(0)+측정자 B(0)의 기댓값은 아래와 같이 계산된다.

측정자 A(0)+측정자 B(0)의 기대값
=총 측정횟수X(측정자 A(0)의 기대확률×측정자 B(0)의 기대확률)
여기에서,

측정자 A(0)의 기대확률=측정자 A(0)의 수/총 측정횟수

=54/90=0.6

측정자 B(0)의 기대확률=측정자 B(0)의 수/총 측정횟수

=54/90=0.6

그러므로 측정자 A(0)+측정자 B(0)의 기댓값=90×(0.6×0.6)=32.4 가 된다.

이와 같은 과정을 반복하여, 나머지 항에 대해서도 각각의 기댓값을 산출한다. 산출한 결과는 표 4-5와 같다.

표 4-5 측정자 A와 측정자 B의 데이터 교차표

			측정자 B		계
			0	1	
			개수	기대개수	
측정자 A	0	개수	51	3	54
		기대개수	32.4	21.6	54
	1	개수	3	33	36
		기대개수	21.6	14.4	36
계		개수	54	36	90
		기대개수	54	36	90

이 교차표는 측정자들 간의 일치성의 정도를 결정하는 것이다. 그렇기 때문에 표 4-5에서 관심이 되는 항목은 측정자 A(0)+측정자 B(0)와 측정자 A(1)+측정자 B(1)의 대각선 란이다. 일치성의 정도를 결정하기 위해서는 코헨의 Kappa를 이용한다. 이는, 일치성의 정도가 우연의 의한 정도와 다른지를 평가한다. 계산식은 아래와 같다.

$$K = \frac{p_0 - p_e}{1 - p_e}$$

여기에서, p_e 는 대각선 난에서 기대되는 비율의 합 그리고 p_o 는 대각선 난에서 관측되는 비율의 합이다.

표 4-5를 사용하여, 계산하면

$$p_e = \frac{32.4 + 14.4}{90} = 0.52 \text{ 그리고 } p_o = \frac{51 + 33}{90} = 0.933$$ 이 됨을 알 수 있다.

이를 이용하여 $Kappa$ 를 계산하면,

$$K = \frac{p_0 - p_e}{1 - p_e} = \frac{0.933 - 0.52}{1 - 0.52} = 0.86$$

이 된다.

측정자 A와 C 그리고 측정자 B와 C에서도 교차표를 생성하면 표 4-6과 같다.

표 4-6 측정자 A와 측정자 B의 데이터 교차표

			측정자 C		계
			0	1	
			개수	기대개수	
측정자 A	0	개수	50	4	54
		기대개수	31.8	22.2	54
	1	개수	3	33	36
		기대개수	21.2	14.8	36
계		개수	53	37	90
		기대개수	53	37	90

표 4-7 측정자 B와 측정자 C의 데이터 교차표

			측정자 C		계
			0	1	
			개수	기대개수	
측정자 B	0	개수	51	3	54
		기대개수	31.8	22.2	54
	1	개수	2	34	36
		기대개수	21.2	14.8	36
계		개수	53	37	90
		기대개수	53	37	90

표 4-6과 표 4-7의 데이터를 바탕으로 추가적으로 Kappa를 계산하면 표 4-8이 된다.

표 4-8 측정자 간 Kappa 값

Kappa	측정자 A	측정자 B	측정자 C
측정자 A	-	0.86	0.84
측정자 B	0.86	-	0.88
측정자 C	0.84	0.88	-

표 4-8에서 측정자 간 Kappa값이 계산되었다. Kappa는 우연에 의한 일치인가 아닌가를 평가하는 값으로 0.75보다 크면, 우연에 의한 일치가 아닌 것으로 좋은 일치도를 보인다고 평가한다. 표 4-8에서 모든 Kappa값이 0.75보다 크므로 측정자들 간에 좋은 일치도를 보인다고 평가할 수 있다.

지금까지는 측정자들 간에 일치도가 좋은지를 평가했고, 측정자들의 평가가 기준과의 일치도가 좋은지는 평가하지 않았다. 그렇기 때문에, 기준과의 일치정도도 평가해봐야 한다. 상기의 과정과 동일한 과정을 거쳐서 기준과의 일치도를 평가하기 위한 교차표를 만들어보면 아래 표와 같이 된다. 데이터를 요약하여 교차표를 생성할 때, 측정자 A의 세 차례 시행 결과에 대해 각각 기준값과 비교하여 데이터를 산출한다.

표 4-9 측정자 A와 기준과의 데이터 교차표

			기준		계
			0	1	
			개수	기대개수	
측정자 A	0	개수	54	0	54
		기대개수	34.2	19.8	54
	1	개수	3	33	36
		기대개수	22.8	13.2	36
계		개수	57	33	90
		기대개수	57	33	90

표 4-10 측정자 B와 기준과의 데이터 교차표

			기준		계
			0	1	
			개수	기대개수	
측정자 B	0	개수	54	0	54
		기대개수	34.2	19.8	54
	1	개수	3	33	36
		기대개수	22.8	13.2	36
계		개수	57	33	90
		기대개수	57	33	90

표 4-11 측정자 C와 기준과의 데이터 교차표

			기준		계
			0	1	
			개수	기대개수	
측정자 C	0	개수	53	0	53
		기대개수	33.57	19.43	53
	1	개수	4	33	37
		기대개수	23.43	13.57	37
계		개수	57	33	90
		기대개수	57	33	90

표 4-9, 표 4-10 그리고 표 4-11과 같이 측정자와 기준 간의 데이터 교차표가 생성되었다. 이 교차표들을 바탕으로 일치성 검정값 Kappa를 계산해보면 아래 표와 같이 된다.

표 4-12 측정자와 기준값 Kappa 값

Kappa	측정자 A	측정자 B	측정자 C
기준	0.93	0.93	0.91

측정자와 기준값 간의 일치성 정도를 확인한 결과, 모든 측정자들의 *Kappa* 값이 0.75보다 크므로 일치성이 좋다고 판정할 수 있다.

이 일치성 평가 결과를 바탕으로, 사용된 측정시스템이 수용할 수 있을 것이라고 판정할 수 있는가? 표 4-3의 측정자들의 측정결과를 살펴보면 모든 적합품에 대해서는 모든 측정자들이 적합하다고 판정했고, 부적합품에 대해서는 측정자들이 적합하다고 판정한 적이 있다. 여러분이 고객이고, 공급자들이 일치성 검정을 수행하여 예시와 같은 결과를 얻었다면, 여러분은 그 결과를 수용할 것인가?

가설 검정 방법의 단점이 바로 여기에 있다. 가설 검정 방법은 일치성이 좋은 정도만을 평가하지, 얼마나 효과적으로 평가했는지를 결정하지는 않는다. 이를 보완하기 위해 가설 검정 방법의 수용 기준으로 부적합품을 적합품으로 판정한 경우가 없어야 한다는 기준을 추가하는 것이 실제 적용을 위한 한 가지 방법이 될 수 있다.

부 록

Z	0.00	0.01	0.02	0.03	0.04
0.0	0.00000	0.00399	0.00798	0.01197	0.01595
0.1	0.03983	0.04380	0.04776	0.05172	0.05567
0.2	0.07926	0.08317	0.08706	0.09095	0.09483
0.3	0.11791	0.12172	0.12552	0.12930	0.13307
0.4	0.15542	0.15910	0.16276	0.16640	0.17003
0.5	0.19146	0.19497	0.19847	0.20194	0.20540
0.6	0.22575	0.22907	0.23237	0.23565	0.23891
0.7	0.25804	0.26115	0.26424	0.26730	0.27035
0.8	0.28814	0.29103	0.29389	0.29673	0.29955
0.9	0.31594	0.31859	0.32121	0.32381	0.32639
1.0	0.34134	0.34375	0.34614	0.34849	0.35083
1.1	0.36433	0.36650	0.36864	0.37076	0.37286
1.2	0.38493	0.38686	0.38877	0.39065	0.39251
1.3	0.40320	0.40490	0.40658	0.40824	0.40988
1.4	0.41924	0.42073	0.42220	0.42364	0.42507
1.5	0.43319	0.43448	0.43574	0.43699	0.43822
1.6	0.44520	0.44630	0.44738	0.44845	0.44950
1.7	0.45543	0.45637	0.45728	0.45818	0.45907
1.8	0.46407	0.46485	0.46562	0.46638	0.46712
1.9	0.47128	0.47193	0.47257	0.47320	0.47381
2.0	0.47725	0.47778	0.47831	0.47882	0.47932
2.1	0.48214	0.48257	0.48300	0.48341	0.48382
2.2	0.48610	0.48645	0.48679	0.48713	0.48745
2.3	0.48928	0.48956	0.48983	0.49010	0.49036
2.4	0.49180	0.49202	0.49224	0.49245	0.49266

0.05	0.06	0.07	0.08	0.09
0.01994	0.02392	0.02790	0.03188	0.03586
0.05962	0.06356	0.06749	0.07142	0.07535
0.09871	0.10257	0.10642	0.11026	0.11409
0.13683	0.14058	0.14431	0.14803	0.15173
0.17364	0.17724	0.18082	0.18439	0.18793
0.20884	0.21226	0.21566	0.21904	0.22240
0.24215	0.24537	0.24857	0.25175	0.25490
0.27337	0.27637	0.27935	0.28230	0.28524
0.30234	0.30511	0.30785	0.31057	0.31327
0.32894	0.33147	0.33398	0.33646	0.33891
0.35314	0.35543	0.35769	0.35993	0.36214
0.37493	0.37698	0.37900	0.38100	0.38298
0.39435	0.39617	0.39796	0.39973	0.40147
0.41149	0.41309	0.41466	0.41621	0.41774
0.42647	0.42785	0.42922	0.43056	0.43189
0.43943	0.44062	0.44179	0.44295	0.44408
0.45053	0.45154	0.45254	0.45352	0.45449
0.45994	0.46080	0.46164	0.46246	0.46327
0.46784	0.46856	0.46926	0.46995	0.47062
0.47441	0.47500	0.47558	0.47615	0.47670
0.47982	0.48030	0.48077	0.48124	0.48169
0.48422	0.48461	0.48500	0.48537	0.48574
0.48778	0.48809	0.48840	0.48870	0.48899
0.49061	0.49086	0.49111	0.49134	0.49158
0.49286	0.49305	0.49324	0.49343	0.49361

2.5	0.49379	0.49396	0.49413	0.49430	
2.6	0.49534	0.49547	0.49560	0.49573	0.49585
2.7	0.49653	0.49664	0.49674	0.49683	0.49693
2.8	0.49744	0.49752	0.49760	0.49767	0.49774
2.9	0.49813	0.49819	0.49825	0.49831	0.49836
3.0	0.49865	0.49869	0.49874	0.49878	0.49882
3.1	0.49903	0.49906	0.49910	0.49913	0.49916
3.2	0.49931	0.49934	0.49936	0.49938	0.49940
3.3	0.49952	0.49953	0.49955	0.49957	0.49958
3.4	0.49966	0.49968	0.49969	0.49970	0.49971
3.5	0.49977	0.49978	0.49978	0.49979	0.49980
3.6	0.49984	0.49985	0.49985	0.49986	0.49986
3.7	0.49989	0.49990	0.49990	0.49990	0.49991
3.8	0.49993	0.49993	0.49993	0.49994	0.49994
3.9	0.49995	0.49995	0.49996	0.49996	0.49996

0.49461	0.49477	0.49492	0.49506	0.49520
0.49598	0.49609	0.49621	0.49632	0.49643
0.49702	0.49711	0.49720	0.49728	0.49736
0.49781	0.49788	0.49795	0.49801	0.49807
0.49841	0.49846	0.49851	0.49856	0.49861
0.49886	0.49889	0.49893	0.49896	0.49900
0.49918	0.49921	0.49924	0.49926	0.49929
0.49942	0.49944	0.49946	0.49948	0.49950
0.49960	0.49961	0.49962	0.49964	0.49965
0.49972	0.49973	0.49974	0.49975	0.49976
0.49981	0.49981	0.49982	0.49983	0.49983
0.49987	0.49987	0.49988	0.49988	0.49989
0.49991	0.49992	0.49992	0.49992	0.49992
0.49994	0.49994	0.49995	0.49995	0.49995
0.49996	0.49996	0.49996	0.49997	0.49997

α ν	0.4	0.25	0.1	0.05	0.025	0.01	0.005
1	0.325	1.000	3.078	12.706	25.452	63.657	127.321
2	0.289	0.816	1.886	4.303	6.205	9.925	14.089
3	0.277	0.765	1.638	3.182	4.177	5.841	7.453
4	0.271	0.741	1.533	2.776	3.495	4.604	5.598
5	0.267	0.727	1.476	2.571	3.163	4.032	4.773
6	0.265	0.718	1.440	2.447	2.969	3.707	4.317
7	0.263	0.711	1.415	2.365	2.841	3.499	4.029
8	0.262	0.706	1.397	2.306	2.752	3.355	3.833
9	0.261	0.703	1.383	2.262	2.685	3.250	3.690
10	0.260	0.700	1.372	2.228	2.634	3.169	3.581
11	0.260	0.697	1.363	2.201	2.593	3.106	3.497
12	0.259	0.695	1.356	2.179	2.560	3.055	3.428
13	0.259	0.694	1.350	2.160	2.533	3.012	3.372
14	0.258	0.692	1.345	2.145	2.510	2.977	3.326
15	0.258	0.691	1.341	2.131	2.490	2.947	3.286
16	0.258	0.690	1.337	2.120	2.473	2.921	3.252
17	0.257	0.689	1.333	2.110	2.458	2.898	3.222
18	0.257	0.688	1.330	2.101	2.445	2.878	3.197
19	0.257	0.688	1.328	2.093	2.433	2.861	3.174

20	0.257	0.687	1.325	2.086	2.423	2.845	3.153
21	0.257	0.686	1.323	2.080	2.414	2.831	3.135
22	0.256	0.686	1.321	2.074	2.405	2.819	3.119
23	0.256	0.685	1.319	2.069	2.398	2.807	3.104
24	0.256	0.685	1.318	2.064	2.391	2.797	3.091
25	0.256	0.684	1.316	2.060	2.385	2.787	3.078
26	0.256	0.684	1.315	2.056	2.379	2.779	3.067
27	0.256	0.684	1.314	2.052	2.373	2.771	3.057
28	0.256	0.683	1.313	2.048	2.368	2.763	3.047
29	0.256	0.683	1.311	2.045	2.364	2.756	3.038
30	0.256	0.683	1.310	2.042	2.360	2.750	3.030
40	0.255	0.681	1.303	2.021	2.329	2.704	2.971
60	0.254	0.679	1.296	2.000	2.299	2.660	2.915
120	0.254	0.677	1.289	1.980	2.270	2.617	2.860
∞	0.253	0.674	1.282	1.645	1.96	2.326	2.576

$\alpha=0.05$

$\nu2$ \ $\nu1$	1	2	3	4	5	10
1	161.4	199.5	215.7	224.6	230.2	241.9
2	18.51	19.00	19.16	19.25	19.30	19.40
3	10.13	9.55	9.28	9.12	9.01	8.79
4	7.71	6.94	6.59	6.39	6.26	5.96
5	6.61	5.79	5.41	5.19	5.05	4.74
6	5.99	5.14	4.76	4.53	4.39	4.06
7	5.59	4.74	4.35	4.12	3.97	3.64
8	5.32	4.46	4.07	3.84	3.69	3.35
9	5.12	4.26	3.86	3.63	3.48	3.14
10	4.96	4.10	3.71	3.48	3.33	2.98
11	4.84	3.98	3.59	3.36	3.20	2.85
12	4.75	3.89	3.49	3.26	3.11	2.75
13	4.67	3.81	3.41	3.18	3.03	2.67
14	4.60	3.74	3.34	3.11	2.96	2.60
15	4.54	3.68	3.29	3.06	2.90	2.54
16	4.49	3.63	3.24	3.01	2.85	2.49
17	4.45	3.59	3.20	2.96	2.81	2.45
18	4.41	3.55	3.16	2.93	2.77	2.41
19	4.38	3.52	3.13	2.90	2.74	2.38
20	4.35	3.49	3.10	2.87	2.71	2.35
21	4.32	3.47	3.07	2.84	2.68	2.32
22	4.30	3.44	3.05	2.82	2.66	2.30
23	4.28	3.42	3.03	2.80	2.64	2.27

15	20	30	60	120	∞
245.9	248.0	250.1	252.2	253.3	254.3
19.43	19.45	19.46	19.48	19.49	19.50
8.70	8.66	8.62	8.57	8.55	8.53
5.86	5.80	5.75	5.69	5.66	5.63
4.62	4.56	4.50	4.43	4.40	4.36
3.94	3.87	3.81	3.74	3.70	3.67
3.51	3.44	3.38	3.30	3.27	3.23
3.22	3.15	3.08	3.01	2.97	2.93
3.01	2.94	2.86	2.79	2.75	2.71
2.85	2.77	2.70	2.62	2.58	2.54
2.72	2.65	2.57	2.49	2.45	2.40
2.62	2.54	2.47	2.38	2.34	2.30
2.53	2.46	2.38	2.30	2.25	2.21
2.46	2.39	2.31	2.22	2.18	2.13
2.40	2.33	2.25	2.16	2.11	2.07
2.35	2.28	2.19	2.11	2.06	2.01
2.31	2.23	2.15	2.06	2.01	1.96
2.27	2.19	2.11	2.02	1.97	1.92
2.23	2.16	2.07	1.98	1.93	1.88
2.20	2.12	2.04	1.95	1.90	1.84
2.18	2.10	2.01	1.92	1.87	1.81
2.15	2.07	1.98	1.89	1.84	1.78
2.13	2.05	1.96	1.86	1.81	1.76

24	4.26	3.40	3.01	2.78	2.62	2.25
25	4.24	3.39	2.99	2.76	2.60	2.24
26	4.23	3.37	2.98	2.74	2.59	2.22
27	4.21	3.35	2.96	2.73	2.57	2.20
28	4.20	3.34	2.95	2.71	2.56	2.19
29	4.18	3.33	2.93	2.70	2.55	2.18
30	4.17	3.32	2.92	2.69	2.53	2.16
40	4.08	3.23	2.84	2.61	2.45	2.08
60	4.00	3.15	2.76	2.53	2.37	1.99
120	3.92	3.07	2.68	2.45	2.29	1.91
∞	3.44	3.00	2.60	2.37	2.21	1.83

2.11	2.03	1.94	1.84	1.79	1.73
2.09	2.01	1.92	1.82	1.77	1.71
2.07	1.99	1.90	1.80	1.75	1.69
2.06	1.97	1.88	1.79	1.73	1.67
2.04	1.96	1.87	1.77	1.71	1.65
2.03	1.94	1.85	1.75	1.70	1.64
2.01	1.93	1.84	1.74	1.68	1.62
1.92	1.84	1.74	1.64	1.58	1.51
1.84	1.75	1.65	1.53	1.47	1.39
1.75	1.66	1.55	1.43	1.35	1.25
1.67	1.57	1.46	1.32	1.22	1.00

참고문헌

Gerald Keller, 이상규 옮김, 2006, 『켈러의 경영경제 통계학』, 교보문고

민재형·이군희, 2014, 『알기 쉬운 통계학』, 북넷

박창순·이재헌, 2014, 『통계적 공정관리』, 자유아카데미

박영현·박성현, 2013, 『통계적 품질관리』, 민영사

박영택, 2014, 『품질경영론』, 한국표준협회미디어

이경종, 2013, 『ez SPC를 활용한 최신 품질경영실무』, 한올

이레테크 미니텝 사업팀, 2009, 『새 MINITAB 실무완성』, 이레테크

AIAG, 2005, *STATISTICAL PROCESS CONTROL*, AIAG

AIAG, 2010, *MEASUREMENT SYSTEM ANALYSIS*, AIAG

Juran. J. M·Defeo, Joseph, 2010, *Juran's Quality Handbook*, McGraw-Hill

Mike Peralta, 2012, *Measurement System Error Analysis*, Createspace Independent Pub

VDA, 2010, *VDA 5 Capability of Measurement Processes*, VDA

An Honest Gage R&R Study: Wheeler Donald, 2006 ASQ/ASA Fall Technical Conference, Manuscript No. 189, January 2009 Revision